U0422898

A Brief
History of British
Architecture

英国建筑简史

苏晓毅 著

中国建筑工业出版社

图书在版编目（CIP）数据

英国建筑简史／苏晓毅著．—北京：中国建筑工业出版社，2017.12
ISBN 978-7-112-20921-7

Ⅰ．①英… Ⅱ．①苏… Ⅲ．①建筑史－英国
Ⅳ．①TU-095.61

中国版本图书馆CIP数据核字（2017）第156019号

责任编辑：陈　桦　马　彦
责任校对：焦　乐　张　颖

英国建筑简史
苏晓毅　著
*
中国建筑工业出版社出版、发行（北京海淀三里河路9号）
各地新华书店、建筑书店经销
北京锋尚制版有限公司制版
北京利丰雅高长城印刷有限公司印刷
*
开本：880×1230毫米　1/32　印张：10¾　字数：276千字
2017年12月第一版　2017年12月第一次印刷
定价：69.00元
ISBN 978－7－112－20921－7
（30581）

英国位于欧洲的最西端，是大西洋中的岛国，由英格兰、威尔士、苏格兰和北爱尔兰四部分组成，也称为“大不列颠和北爱尔兰联合王国”。英国地理上因英吉利海峡与整个欧洲大陆分离，环境的特殊性决定了它在整个历史发展和演变过程中一直和欧洲各国保持着既联系又相对独立的关系。

作为世界上第一个进入工业革命时期的国家，英国在社会和经济上对世界都有着极为重要的影响。也正是因为工业革命的推进，冰冷的机器及快节奏的生活使英国人格外渴望自然、尊重历史。无论是历尽沧桑的建筑，还是美丽如画的风景，在英国人眼里都是国宝。古趣盎然的建筑物，交相辉映出极有特色的城市街景，鲜明的建筑特色源于其地理和社会环境。从史前不列颠到近现代时期，期间经历了两千多年，留下了无数印证历史的宝贵遗产，值得我们在安静的时候慢慢梳理其发展脉络，跟随历史去感知那一份特别。

走进英国、了解英国一直是我的梦想，这个愿望终于有幸在2007~2008年期间作为访问学者得以实现。在英国访学期间，个人爱好和所学习的专业促使我独自旅行，只为去寻找和体验各种建筑。那时候没有智能手机，没有导航，只能提前查好相关信息，手拿地图游走在伦敦的大街小巷。为看建筑我熟悉了伦敦地图、伦敦地铁图和各种换乘方式，以至于最后被朋友们给予伦敦“铁通”的称号。除伦敦之外的其他城市或乡村，凡有经典建筑和设计，也是必去之处，有时为了看一栋建筑来回得花上三四天时间，然后如获至宝般快乐好几天。

这最初其实只是一种“职业病”式的快乐，并未想过要写什么书。但从英国回来几年后总会想起那些美好的片段和场景，忽然觉得趁记忆还未淡漠之前有必要整理和记录一下，2013 年才决定开始动笔。虽然之前对于英国建筑有所了解，但是访学一年的经历使我对于英国不同时期的建筑有了更加直观和深入的认识，希望能够通过此书和大家交流分享。

本书从英国不同历史时期的社会背景出发，通过分析其文化及经济发展的特点，引出英国各个时期建筑类型和风格的生成原因，了解不同时期的建筑美学观念和价值体系的转变，以简单扼要的方式结合丰富的实际案例展现其特点，总结英国历史建筑的发展脉络，以图文并茂的方式加深读者对英国建筑及历史的了解。希望通过本书的梳理，读者能够了解从远古不列颠到当代建筑的不断演变，穿梭其间领略不同的历史和文化。

本书原定于 2016 年出版，由于个人原因一直耽误下来，直到英国意外脱欧，也使得这本书的出版具有更加特别的意义。英国脱欧后，相信今后还会为世界的建筑设计和发展带来更多的惊喜和精彩。

感谢我的研究生王荫南、曾彦文和李婷婷为本书作出的部分编撰、校对和排版工作，感谢留英学子李牧恩提供的部分图片，感谢我的女儿万柯含为此书特意设计的封面。

苏晓毅

2017年10月

CONTENTS / 目录

前言 / 003

/ 001 / 引言

1 / 009 /

史前不列颠的建筑
（公元 1 世纪以前）
THE ARCHITECTURE OF ANCIENT PERIOD

1.1 概述 / 010
1.2 主要建筑类型及特点 / 012
1.2.1 旧石器时期 / 012
1.2.2 新石器时期 / 012
1.2.3 铁器时期（公元前约 1200 年～前 600 年） / 012
1.3 建筑实例 / 014
1.3.1 斯卡拉布雷史前村落（Skara Brae Prehistoric Village） / 014
1.3.2 威尔特郡温德米尔山（Windmer Hill） / 017
1.3.3 麦豪遗址（Mae Howe） / 018
1.3.4 布罗德加尔石栏（Rin o Brodgar） / 020
1.3.5 巨石阵（Stonehenge） / 020
1.3.6 梅登城堡（Maide Castle） / 024
1.3.7 戴恩伯里（Danebury） / 025

2 / 029 /

罗马占领时期的建筑
（公元前 55 年 ~ 公元 410 年）
THE ARCHITECTURE OF THE ROMAN OCCUPATION PERIOD

2.1 概述 / 030
2.2 主要建筑类型及特点 / 032
2.2.1 居住建筑 / 032
2.2.2 防御设施 / 032
2.2.3 宗教建筑 / 034
2.2.4 公共建筑 / 034
2.2.5 城市形态 / 034
2.3 建筑实例 / 035
2.3.1 哈德良长城 / 035
2.3.2 巴斯罗马浴场 / 036
2.3.3 维鲁拉米翁（Verulamium） / 039

3 / 041 /

盎格鲁—撒克逊时期的建筑
（5 世纪 ~ 1066 年）
THE ARCHITECTURE OF THE ANGLO-SAXON PERIOD

3.1 概述 / 042
3.2 主要建筑类型及特点 / 043
3.2.1 居住建筑 / 043
3.2.2 防御设施 / 044
3.2.3 宗教建筑 / 045
3.2.4 城市形态 / 045
3.3 建筑实例 / 046
3.3.1 坎特伯雷大教堂（Canterbur Cathedral） / 046
3.3.2 圣奥古斯丁修道院 / 046
3.3.3 惠特比修道院 / 048
3.3.4 万圣教堂 / 050

4 / 051 /
英国中世纪早期诺曼时期的建筑
（1066 ~ 1154 年）
THE NORMAN ARCHITECTURE OF EARLY MEDIEVAL BRITAIN

4.1 概述 / 052
4.2 主要建筑类型及特点 / 053
4.2.1 居住建筑 / 053
4.2.2 防御设施 / 055
4.2.3 宗教建筑 / 055
4.2.4 医院救济院 / 055
4.2.5 城市形态 / 055
4.3 建筑实例 / 056
4.3.1 塞勒姆古城（The Ancient City of Salem） / 056
4.3.2 华威城堡 / 056
4.3.3 伦敦塔 / 060
4.3.4 喷泉修道院（Fountains Abbey） / 060
4.3.5 达勒姆大教堂（Durham Cathedral） / 063
4.3.6 圣克劳斯医院（Hospital of St. Cross） / 066

5 / 069 /
英国中世纪中、晚期建筑
（1154 ~ 1485 年）
THE ARCHITECTURE OF MIDDLE & LATE MEDIEVAL BRITAIN

5.1 概述 / 070
5.2 主要建筑类型及特点 / 072
5.2.1 居住建筑 / 072
5.2.2 防御设施 / 075
5.2.3 宗教建筑 / 075
5.2.4 学院 / 077
5.2.5 法庭 / 081

5.2.6 旅馆 / 084
5.2.7 商社 / 084
5.2.8 市场 / 084
5.2.9 石质桥梁 / 084
5.2.10 木质屋顶 / 085
5.2.11 城市形态 / 085
5.3 建筑实例 / 085
5.3.1 伊格特姆·莫特 / 085
5.3.2 博马里斯 / 085
5.3.3 康威城堡 / 089
5.3.4 温莎古堡 / 091
5.3.5 索尔兹伯里大教堂 （Salisbury Cathedral）——早期哥特式建筑 / 092
5.3.6 韦尔斯大教堂（Wells Cathedral）——早期哥特式建筑 / 094
5.3.7 埃克塞特大教堂（Exeter Cathedral） / 094
5.3.8 伊利主教堂（Ely Chapel）——盛饰式哥特建筑 / 094
5.3.9 剑桥大学国王学院礼拜堂（King's College Chapel）——垂直式哥特建筑 / 098
5.3.10 格洛斯特主教堂（Gloucester Cathedral）——垂直式哥特建筑 / 098

/ 101 /

都铎时期的建筑
（1485 ~ 1603 年）
THE ARCHITECTURE OF TUDOR PERIOD

6.1 概述 / 102
6.2 主要建筑类型及特点 / 105
6.2.1 居住建筑 / 105
6.2.2 防御设施 / 107
6.2.3 剧院 / 107

6.2.4 体育及竞技场 / 110
6.2.5 商品交易场所 / 110
6.2.6 厂房 / 110
6.2.7 港口及码头的扩张 / 110
6.2.8 海外殖民建筑 / 111
6.2.9 城市形态 / 112
6.3 建筑实例 / 112
6.3.1 朗格里特庄园（Longlet House） / 112
6.3.2 哈德维克庄园（Hardwick Hall） / 112
6.3.3 汉普顿宫（Hampton Court Palace） / 114
6.3.4 圣詹姆士宫（St. James's Palace） / 114
6.3.5 莎士比亚环球剧院（Shakespeare's Globe Theater） / 114

/ 119 /
斯图亚特时期的建筑
（1603 ~ 1714 年）
THE ARCHITECTURE OF STUART PERIOD

7.1 概述 / 120
7.2 主要建筑类型及特点 / 122
7.2.1 居住建筑 / 122
7.2.2 宗教建筑 / 124
7.2.3 其他公共建筑 / 124
7.2.4 城市形态 / 124
7.3 建筑实例 / 126
7.3.1 圣保罗大教堂 / 126
7.3.2 查茨沃斯庄园（Chatsworth House） / 129
7.3.3 勃仑南姆府邸 / 132
7.3.4 牛津谢尔登剧院（Sheldonian Theatre） / 134
7.3.5 汉普顿宫增建（Hampton Court Palace） / 134
7.3.6 格林尼治天文台 / 134

8

/ 139 /

英国乔治亚时期的建筑

（1714 ~ 1836 年）

THE ARCHITECTURE OF BRITISH GEORGIA PERIOD

8.1 概述 / 140

8.2 主要建筑类型及特点 / 142

8.2.1 居住建筑 / 142

8.2.2 公共建筑 / 145

8.2.3 城市形态 / 145

8. 3 建筑实例 / 145

8.3.1 坎伯兰联排住宅（Cumberland Terrace）/ 145

8.3.2 皇家新月楼（Roya Crescent）/ 146

8.3.3 大英博物馆（The British Museum）/ 146

8.3.4 白金汉宫（Buckingham Palace）/ 148

8.3.5 英格兰银行（Bank of England）/ 148

8.3.6 英国国家美术馆和纳尔逊纪念碑（The National Gallery and Nelson Monument）/ 152

8.3.7 摄政街（Regent Street）/ 152

8.3.8 苏格兰国家画廊 / 154

8.3.9 普特尼桥（Pultney Bridge）/ 154

8.3.10 铁桥（Iron Bridge）/ 154

/ 159 /

浪漫主义时期的建筑

（18 世纪下半叶到 19 世纪下半叶）

THE ARCHITECTURE OF ROMANTICISM PERIOD

9.1 概述 / 160

9.2 主要建筑类型及特点 / 161

9.2.1 居住建筑 / 161

9.2.2 公共建筑 / 161

9.2.3 城市形态 / 162
9.3 建筑实例 / 162
9.3.1 邱园 / 162
9.3.2 布莱顿皇家别墅 / 162
9.3.3 英国议会大厦 / 166
9.3.4 圣吉尔斯大教堂（St. Giles' Cathedral） / 169

10 / 171 /
维多利亚时期的建筑
（1837～1901年）
THE ARCHITECTURE OF VICTORIA PERIOD

10.1 概述 / 172
10.2 主要建筑类型及特点 / 173
10.2.1 居住建筑 / 173
10.2.2 公共建筑 / 178
10.2.3 城市形态 / 178
10.3 建筑实例 / 180
10.3.1 牛津大学基布尔学院（Keble College，Oxford） / 180
10.3.2 英国自然历史博物馆（Natural History Museum） / 182
10.3.3 牛津大学自然史博物馆（Oxford University Museum of Natural History） / 182
10.3.4 哈罗德百货（Harrods） / 185
10.3.5 海军拱门（Admiralty Arch） / 185
10.3.6 拉塞尔酒店（Hotel Russell） / 189
10.3.7 伦敦塔桥（Tower Bridge） / 189
10.3.8 水晶宫（The Crystal Palace） / 191
10.3.9 伦敦各大火车站 / 191
10.3.10 伦敦霍尼曼博物馆花园温室（Garden Greenhouse of Horniman Museum） / 197

11
/ 199 /

工艺美术运动时期的建筑
（19 世纪下半叶至 20 世纪 20 年代）
THE ARCHITECTURE OF ARTS AND CRAFTS MOVEMENT PERIOD

11.1　概述 / 200
11.2　建筑实例 / 205
11.2.1　红屋 / 205
11.2.2　布莱克威尔住宅（Blackwel House） / 206

12
/ 209 /

近、现代建筑
（1901 至今）
THE ARCHITECTURE OF MORDEN & CONTEMPORARY PERIOD

12.1　概述 / 210
12.2　主要建筑风格及特点 / 212
12.2.1　“新艺术运动”建筑 / 212
12.2.2　装饰艺术运动（Art Deco） / 220
12.2.3　现代主义建筑 / 222
12.2.4　粗野主义建筑 / 234
12.2.5　后现代建筑 / 239
12.2.6　高技派建筑（High-Tech） / 249
12.2.7　绿色建筑 / 260
12.2.8　新现代主义多元化风格建筑 / 278
12.3　城市形态 / 312

结语 /CONCLUSION/ 313
插图来源 /ILLUSTRATION SOURCE/ 314
参考文献 /REFERENCES /327

英国全称为“大不列颠及北爱尔兰联合王国”，由英格兰、威尔士、苏格兰和北爱尔兰组成，东临北海，西北面对大西洋，南面是英吉利海峡，与法国隔海相望，总面积为 24.41 万平方公里，总人口约 6400 万，以英格兰（盎格鲁—撒克逊人）为主体民族。

在人类历史肇始之时，不列颠尚不是游离于欧洲大陆的孤岛。后来，随着冰河纪晚期的冰川融化，海水升高并对陆地低洼处不断侵蚀，才形成北海和英吉利海峡。大约在公元前 6000 年左右，地质运动带来的北海潮水淹没了不列颠与欧洲大陆的连接之处，不列颠从此成为与欧洲大陆隔海相望的岛。34 公里宽的英吉利海峡把英国与欧洲大陆隔离，使得英国既保持独立，又避开了岛国容易出现的孤立、封闭和停滞。

据估计，当不列颠尚与欧洲大陆相连之时便有人类活动。在肯特郡发现的手斧说明，至少在 30 万年前人类已在此生存。

约公元前 30 世纪，伊比利亚人从欧洲大陆来到不列颠岛东南部定居。公元前 700 年以后，居住在欧洲西部的凯尔特人不断移入不列颠群岛，凯尔特人分为不列吞、高特尔、比尔格等部落，其中又以不列吞人数最多，有专家认为不列颠这一名称可能来源于此。

公元前 55 和前 54 年，恺撒曾两度率罗马军团入侵不列颠，均被不列颠人击退。公元 43 年，罗马皇帝克劳狄一世率军入侵不列颠，征服不列颠后变其为罗马帝国的行省。罗马人以位于泰晤士河口的伦敦为中心，向四面八方修起大道，连接各地的城市，使伦敦成为罗马对不列颠进行统治和对外联系的中心。

为阻止北方凯尔特人南下，公元 1 世纪 20 年代，罗马皇帝 P.A. 哈德良（P.A.Hadrian-us）在位时期，在不列颠岛北部修建了一条横贯东西、全长 118 公里的长城，史称哈德良长城。在罗马人统治的东南地区，罗马人抢占部落的公有土地，建立起奴隶制大田庄，变凯尔特人或战俘为奴隶。罗马人强迫奴隶从事耕种、采矿，奴隶贩子还把奴隶远销到欧洲大陆。3～4 世纪，随着奴隶反抗斗争的加剧，罗马帝国逐渐衰落。4 世纪中叶前后，不列颠反抗罗马统治的斗争也渐趋激化。到 407 年，罗马驻军被迫全部撤离不列颠，罗马对不列颠的统治即告结束。

罗马人撤离后，居住在易北河口附近和丹麦南部的盎格鲁-撒克逊人以及来自莱茵河下游的朱特人等日耳曼部落，从 5 世纪中叶起陆续侵入不列颠。入侵过程延续约一个半世纪。入侵者洗劫城镇和乡村，不列颠人被杀戮或沦为奴隶，有的被驱赶到西部、西北部山区，大部分人同入侵者融合，形成后来的英格兰人，或称“英吉利人”。

6 世纪末，基督教传入英国。597 年，罗马教皇格列高利一世（590～604 年在位）派修士奥古斯丁到英格兰传教。到 7 世纪下半叶，英格兰全境基本上都皈依了罗马基督教。

从 8 世纪末开始，以丹麦人为主体的斯堪的纳维亚人屡屡入侵英国。

法国诺曼底公爵威廉于 1066 年率军入侵不列颠，史称“征服者威廉”。诺曼王朝（1066～1154 年）由此建立。诺曼征服加速完成了早已开始的封建化过程，封建生产方式基本确立。诺曼征服后，在分封的领地上到处都出现封建庄园。封建庄园是英国封建社会的基本经济单位，领主是庄园里握有全权的最高统治者。

诺曼人是最后一批登上不列颠这个神秘富饶岛屿的外族，不列颠之后再没有被外族侵略。诺曼王朝也是英国历史上第一个稳定有序的统治时期，之后国家统一，逐渐发展形成今天的英国。

不列颠经过 2000 多年的发展，在各个王朝不断更迭的基础上，形成了自己独特的文化，建筑风格也随之逐渐变化。本书的内容将沿着英国的历史发展脉络来梳理各个时期的建筑风格和特点。

首先，我们先看一下整个英国的历史发展及王朝更迭情况：

英国历史年表：

1. 史前不列颠：史前 ~ 公元前 55 年

2. 罗马人占领时期：公元前 55 年 ~ 公元 410 年

3. 盎格鲁—撒克逊时期与丹麦统治时期：公元 449 年 ~ 1066 年

4. 诺曼底王朝：公元 1066 年 ~1154 年

5. 金雀花王朝：公元 1154 年 ~1399 年

6. 兰开斯特王朝：公元 1399 年 ~1461 年

7. 约克王朝：公元 1461 年 ~1485 年

8. 都铎王朝：公元 1485 年 ~1603 年

9. 斯图亚特王朝：公元 1603 年 ~1714 年

10. 汉诺威王朝：公元 1714 年 ~1901 年

11. 萨克森—科堡—哥达王朝：公元 1901 年 ~ 1917 年

12. 温莎王朝：公元 1917 年至今

对上述年表简单梳理如下：

凯尔特部落→罗马帝国的一部分→日耳曼诸国→韦塞克斯君

主的领导→维京人短暂统治→诺曼王朝→（传位给外孙子）金雀花王朝→（国家分裂，玫瑰战争）兰开斯特王朝和约克王朝→（国家重新统一）都铎王朝→（伊丽莎白一世无嗣）斯图亚特王朝→革命→还是斯图亚特王朝→（安妮女王无嗣）汉诺威王朝→萨克森—科堡—哥达王朝（后更名为温莎王朝）。

从政治上看，英国的王朝是贵族统治国家的产物。到近代以后，国家权力转移到议会，王朝只是国家象征。从文化上看，王权的根基，是上帝的权威，君主是上帝在人间施行统治的代理人。因此每一代王朝都必须按照传统，依据亲缘关系选择继承人，对君主的信仰也有特别的要求。当继承人的姓氏发生变化时，就自动过渡到新的王朝。从民族属性看，英国君主先后是盎格鲁—撒克逊人、维京人、诺曼人、苏格兰人、德国人和盎格鲁—撒克逊人。

英国的建筑历史发展对应上述朝代更迭主要分为 12 个阶段，即：

1. 远古不列颠的建筑（史前～公元前 55 年）

2. 罗马占领时期的建筑（公元前 55 年～公元 410 年）

3. 盎格鲁—撒克逊时期的建筑（公元 449 年~1066 年）

4. 中世纪早期（诺曼时期的建筑）（公元 1066 年～1154 年）

5. 中世纪中、晚时期的建筑（公元 1154 年~1485 年）

6. 都铎时期的建筑（公元 1485 年~1603 年）

7. 斯图亚特时期的建筑（公元 1603 年~1714 年）

8. 乔治亚时期的建筑（公元 1714 年~1836 年）

9. 浪漫主义时期的建筑（公元 18 世纪下半叶~19 世纪下半叶）

10. 维多利亚时期的建筑（公元 1837 年~1901 年）

11. 工艺美术运动时期的建筑（19 世纪下半叶～20 世纪 20 年代）

12. 近现代建筑（公元 1901 年～至今）

从英国历史年表和建筑历史表对照可以看出，二者基本上是一一对应的（表 1）。

英格兰史学家认为英国“中世纪”是指 1066 年诺曼征服到 1485 年都铎王朝的建立。按此，则诺曼王朝时期为中世纪早期诺曼建筑风格，而金雀花王朝、兰开斯特王朝和约克王朝三个王朝时期建筑均为中世纪中、晚期的建筑风格。

汉诺威王朝时期主要是乔治亚和维多利亚风格的建筑，期间还出现过 18 世纪下半叶 ~19 世纪下半叶的英国浪漫主义风格的建筑和 19 世纪下半叶工艺美术运动时期的建筑。

萨克森—科堡—哥达王朝和温莎王朝则是英国近现代建筑的主要发展期。

除了表一所阐述的英国历史上各王朝与不同建筑历史时期的对应关系，为方便阅读和理解，特别对英国建筑风格特点和欧洲大陆同时期建筑风格的对应关系梳理总结如下：

远古不列颠的建筑同欧洲大陆相似，从旧石器时代到新石器时代，再到铁器时代，主要为洞穴住居逐渐形成半地下穴居，再发展为使用木、茅草等建造房屋。

公元前 55 年～公元 410 年，英国被罗马占领，建筑风格受古罗马影响较大，欧洲大陆同期主要为古希腊和古罗马时期的建筑风格。

公元 5 世纪～11 世纪，英国为盎格鲁—撒克逊时期与丹麦统治时期，呈现盎格鲁—撒克逊风格的建筑，公元 1066 年之后英国经历诺曼征服后进入中世纪，英国中世纪早期建筑风格基本延续欧洲罗马时期的风格和形式，称为“诺曼风格建筑”。而欧

表 1　英国王朝与建筑历史对照表

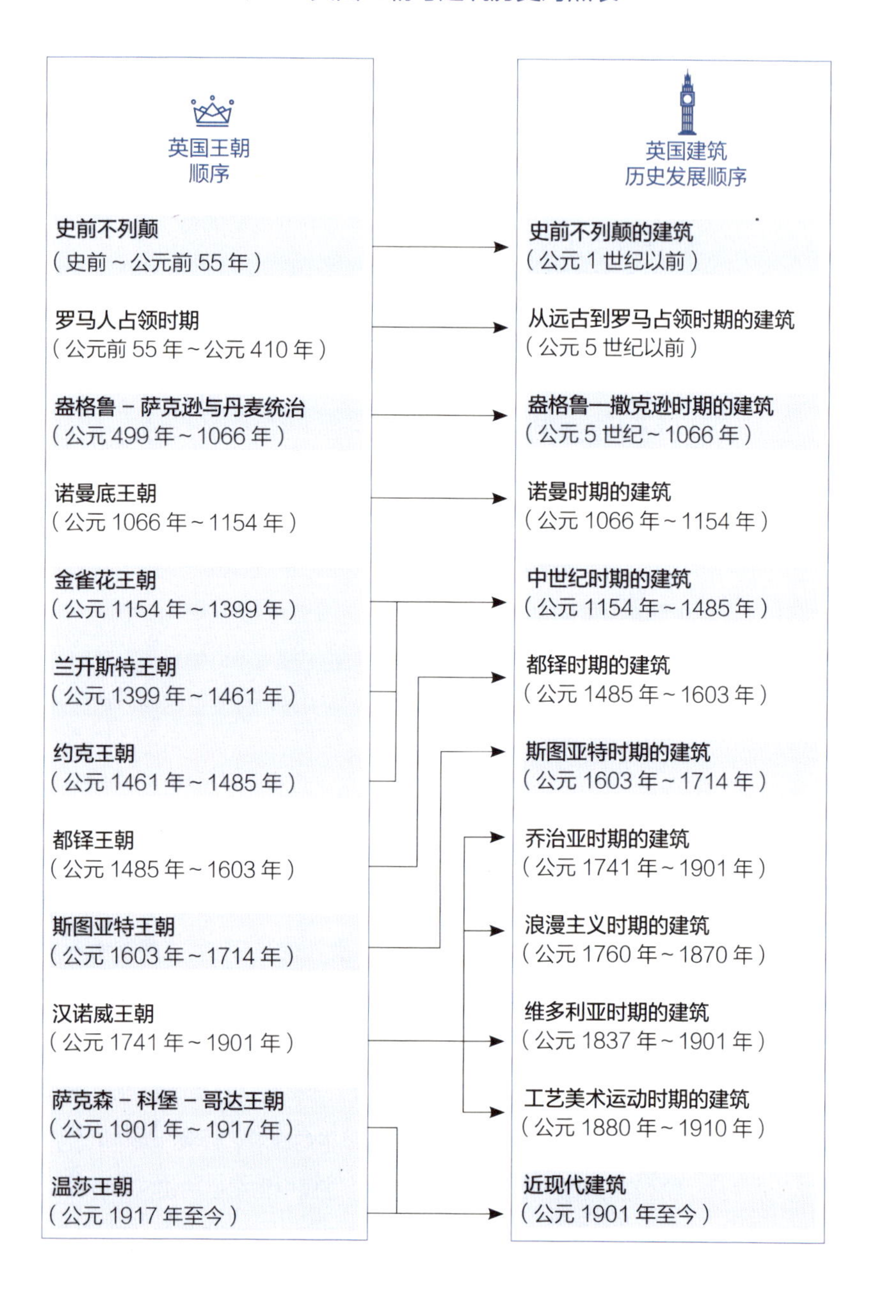

洲大陆于 476 年罗马帝国灭亡后便进入中世纪，5～12 世纪欧洲大陆建筑为中世纪初期和中期的基督教和罗马风格建筑。

12～15 世纪，英国进入中世纪中、晚期，以哥特式教堂建筑为主，而同期欧洲大陆也进入中世纪后期，主要以哥特式建筑为主，只不过英国的哥特式建筑和欧洲大陆的哥特式风格有着明显的不同。

15 世纪后期～17 世纪初，为英国宗教改革和文艺复兴时期，出现了风格鲜明的都铎建筑，欧洲大陆此时期也正是文艺复兴的黄金时期，两者都打破了中世纪的束缚，但风格差异较为明显。

17 世纪出现在英国斯图亚特时期的建筑，一定程度上受到同期欧洲大陆巴洛克建筑风格的影响，但由于英国人多信奉崇尚简朴的基督教，故这个时期的建筑风格相比于欧洲大陆巴洛克的繁复和华丽显得较为低调。

18～19 世纪，在英国出现乔治亚时期、浪漫主义的建筑和维多利亚时期的建筑，欧洲大陆同期则是以古典复兴和折中主义建筑风格为主。

19 世纪后半叶在英国兴起的“工艺美术运动”，是对维多利亚时期工业革命造成的的机器产品的反驳而寻找的一种独特的风格，对后来欧洲大陆的“新艺术运动”产生了深远影响。

20 世纪英国和欧洲建筑风格及理论日趋相似，虽在理论和实践上有不同探讨，但区别不是很大，这里不再做区分（具体对应关系见表 2）。

了解了表 1 和表 2 这两组对应关系，可以帮助我们更好地理解英国历史及建筑的发展演变，下面我们就对每一个时期的建筑风格特点及典型案例展开详细的解析。

表 2　英国王朝与同期欧洲大陆建筑风格对照表

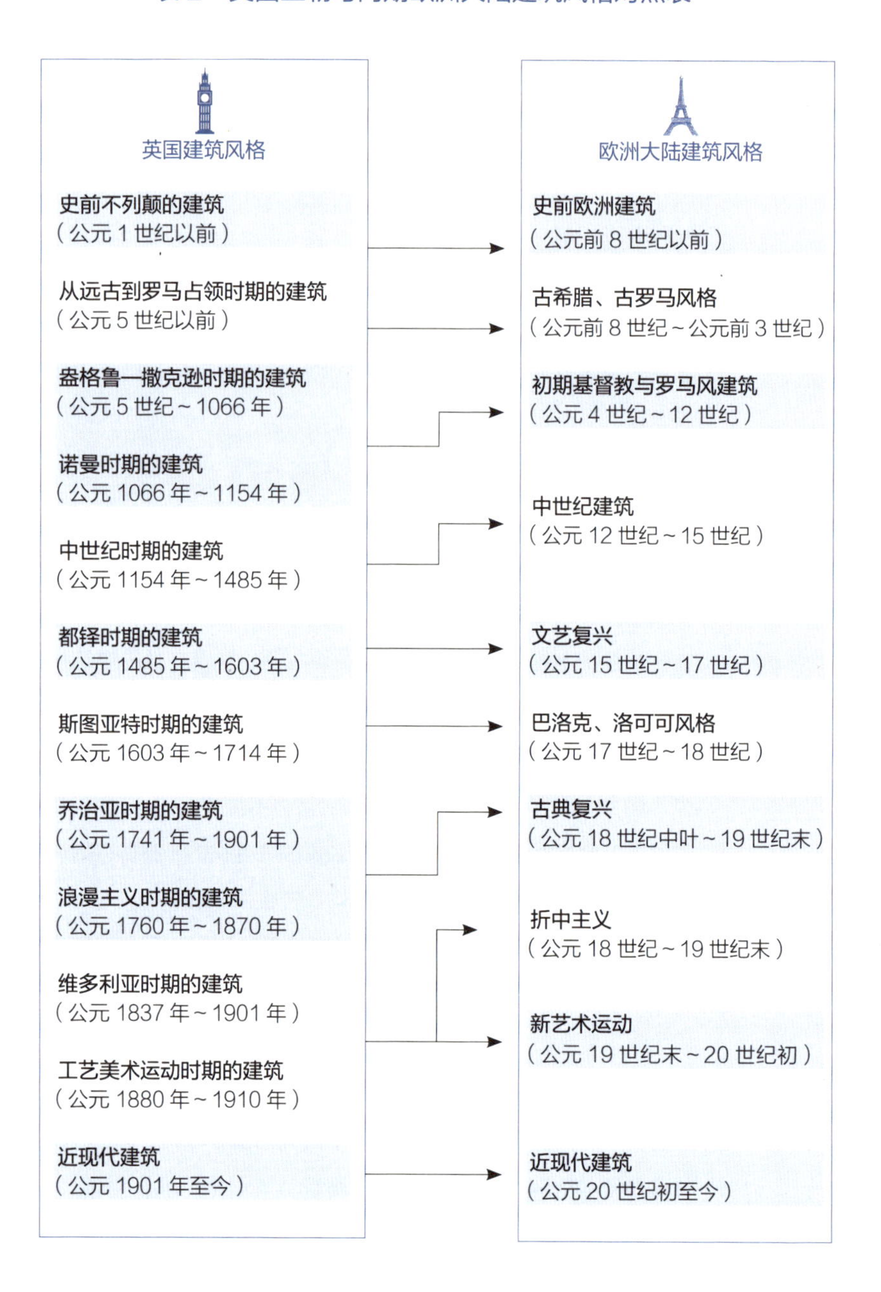

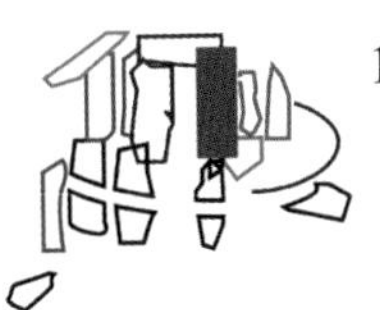

1　史前不列颠的建筑（公元 1 世纪以前）

THE ARCHITECTURE OF ANCIENT PERIOD

1.1 概述

据地质学家研究，早在人类出现之前，不列颠属于是欧洲大陆的一部分。由于地壳运动的挤压折叠形成了英国最古老的陆地，后来，冰川消融又使得这片土地最终脱离欧洲大陆母体。

当不列颠尚与欧洲大陆相连之时，人类在第二纪冰期中较为温暖的年代便来到了不列颠，在肯特郡发现的手斧说明，至少在 30 万年前人类已在不列颠岛生存。公元前 8300 年左右大冰川时期突然结束了，旧石器时代人类所追猎的野牛、驯鹿和犀牛也突然消失，取而代之的是躲藏在大森林里的喜暖小动物如大角鹿和野猪，以及桦树、松树、橡树和菩提树等。环境的巨变摧毁了旧石器时代晚期的采集狩猎生活，而让位于中石器时代的渔猎经济。人们开始学习抓鱼、捉鸟、逐鹿，制作独木舟、鱼叉、长矛和弓箭。北海一带的马格莱莫申文化和法国的塔登努阿文化为不列颠提供了中石器时代的生产技术：马格莱莫申人制作了伐树造舟的扁斧，塔登努阿人则精于制作几何形的小燧石工具。两种文化在不列颠融合，促进了不列颠土著文化的产生。位于英格兰西苏塞克斯的霍舍姆文化就是其中一种。霍舍姆人用小燧石和重型手斧，在不列颠第一次营造出一种以树枝草皮做顶的住屋——穴坑。

新石器时代的农耕和畜牧业是并存的。农耕经济兴起于今天的西亚、北非地区，它为人类的生存提供了近 10 倍的资源，是工业革命出现前人类生产力发生的最大一次变革。到公元前 3800 年左右，新石器时代的农业文明已经取代了中石器时代的渔猎文化。

起初，新石器时代的拓荒者在石灰石高地、海边沙地和白垩石低地定居下来。他们清除森林，开垦沃土，饲养牛、羊、猪、狗，种植大麦、小麦，制作陶器。新石器时代的不列颠的住房最初使用橡树桩支撑兽皮而形成地穴式土坑，后来慢慢地露出地面，成为半地穴式房屋。以位于苏格兰奥克尼群岛上的斯卡拉布雷史前村落（Skara Brae Prehistoric Village）为代表的新石器不列颠人显然是群居的，他们有营地、燧石矿坑、带有火塘的半地穴式集体住所。

这个时期还发现了集体殡葬墓室，在爱尔兰、苏格兰东南部、设得兰群岛、奥克尼和西部群岛上共有上百处类似的墓葬遗址。有的是由一条通道进入的圆形墓室，有的是由直立的巨型石板建造的方形墓室，内部由平行石板隔成分室。这些石头重约4～10吨不等，显然从巨石的开采、运输到古墓的建造并非一个家族所能完成。从社会学角度看，说明在新时期时代，不列颠已存在超家族的社会单位。

公元前1700年以后，不列颠进入金属文明，在不列颠，与铁器时代相关的一般称为“凯尔特文化”。凯尔特人是铁器时代欧洲的和前罗马时期印欧民族的一个部分，其支系分布在从大不列颠岛、西班牙到小亚细亚的广大区域。他们是一群拥有金属加工技术，在广大地理范围中行动，建立欧洲基础的人。不列颠凯尔特人指的是公元1世纪罗马人征服不列颠时，他们所见到的说凯尔特语的不列颠土著居民。

进入铁器时期后，在英格兰南部，开始分布形成3000多个各式各样的栅栏城，它们大的占地50公顷，小的只有半公顷，有人称之为“山堡”，因栅栏城一般都筑在山丘之顶，也有人称之为“山寨”，因为它们大多是一些建在悬崖和海岬高处的村子。这些栅栏城是当时人们居住、宗教和政治中心，也是有经济意义的放牧围栏区，它的重要作用是防御。栅栏城建筑大约出现在公元前1200～1500年间。在英格兰北部和西部，铁器时代的不列颠人喜欢住在带围栏的宅地或空旷的村落中。而在苏格兰，直到罗马时代，土著凯尔特人仍住在棚屋里。

1.2 主要建筑类型及特点

这个时期的主要建筑类型为住居，以居住功能为主并兼顾防御功能。

新石器时代开始出现用于集体墓葬、祭祀类公共活动的建筑形式，居住开始呈现集体村落形态。铁器时期出现了有防御和城市功能的栅栏城。具体如下：

1.2.1 旧石器时期

用小燧石和重型手斧造出以树枝草皮作顶的穴坑居住建筑。

1.2.2 新石器时期

1. 住宅：最初使用橡树桩支撑兽皮而形成的地穴式土坑，后来慢慢地露出地面，成为半地穴式房屋。居住建筑用石头或木头建造，并组成独立的小村庄；

2. 墓葬：运用石块营造长形集体殡葬墓室，在奥克尼群岛和设得兰群岛以及英格兰约克郡和林肯郡都有发现过；

3. 围场：出现带有堤道的仪典构筑物如围场，由一个或多个同心圆形状的堤坝和壕沟组成；

4. 石栏：以巨石阵为代表的、由石头或木头组成的环形直立的石栏，环形结构和露天仪典建筑成为英国独特的建筑形式。

1.2.3 铁器时期（公元前约 1200 年 ~ 前 600 年）

石器时期出现的建、构筑物的建设仍然在延续，但开始出现更为社会化的聚落形态，并出现防御设施。

铁器时期在英国也称“凯尔特文化时期”，开始出现防御性构筑物形态的居住地，分为城墙围绕的堡垒形山堡和城市城堡。

山堡也称“栅栏城”（图1-1），主要出现在英格兰南部，用于防御，多设有壕沟。

栅栏城占地大小不一，筑在山丘之顶，某些小型居住区逐渐发展或联合形成建有牢固壁垒和壕沟的大型居住区，历史上称为“山寨”或“寨堡”（Hillfort）。这些寨堡多建在山顶和海岬，依靠天然的地理优势进行防御。不列颠考古出土的寨堡数量非常多，寨堡通常不大，根据其围场面积和房屋数量，估计其高峰时期的人口不过200~350人。

寨堡拥有了一些“城市”的基本功能。一方面，寨堡拥有防御功能。除依靠地理优势进行防御外，也修建人工的防御工事。另一方面，寨堡具有居住、生产以及初等的政治、宗教功能。寨堡内部有居民区、生产区，有些还提供了团体的宗教中心。考古发现的“神庙”都位于寨堡的核心位置，如梅登城堡（Maiden Castle）、南卡德伯里（South Cadbury）和戴恩伯里

图1-1　具有城市雏形的栅栏城

（Danebury）。拥有部分“城市”功能的寨堡可以看作是不列颠“城市”的萌芽。

军事堡垒和要塞周围的附属居民区有的发展扩大成为城市，开始形成军团附属居民，商铺、作坊、酒馆、神庙和私人住宅纷纷建成，形成了比较大的定居点，其中有一些在公元3世纪发展为城市。

城市城堡则由小规模的聚落构成，一个居住单元大约由3～5间住居组成，若干居住单元再形成小规模聚落。

房屋通常用树皮和木头建造，由木骨架搭成圆形或长方形，上面涂抹厚厚的黏土和牲畜的粪便，房顶用茅草或芦苇覆盖。房间中央生一堆火供照明和取暖，房子无烟囱，只是在屋顶上开个洞或者屋檐下开一条缝让烟排出。

1.3 建筑实例

1.3.1 斯卡拉布雷史前村落（Skara Brae Prehistoric Village）

斯卡拉布雷是苏格兰奥克尼群岛主岛上的一个史前村落，是欧洲最完整的新石器时代晚期遗址，是世界文化遗产奥克尼新石器时代遗址的重要组成部分。

斯卡拉布雷的新石器时代建筑遗址（图1-2），建造时间在公元前3180年～公元前2500年之间，比金字塔和巨石阵还要早，于1850年在奥克尼的斯卡拉布雷被发现。

斯卡拉布雷史前村落坐落在白色沙滩的海湾上，是西欧的史前房屋中保存最完好的建筑群之一。从最后居住在这里的部落算起，室内的床、箱子和梳妆台等石制家具也已经有5000年的历史了。

斯卡拉布雷史前村落的圆形高地结构保存非常完好，又被称为“苏格兰庞贝”。村落共有10个石砌住屋，有隧道互相连通，居民也可以用石门关闭通道（图1-3）。房子周围的沙子和建筑物的结构为抵御寒冷提供了很好的保护，每个房间还包含柜、梳妆台、座椅和储物盒，这些盒子用防水材质制作，这表明他们可能有捕捉活海鲜、之后再食用的观念（图1-4～图1-6）。村里有一个污水处理系统，每家都有自己的厕所，可以看出集体生活和村落的形态开始出现。

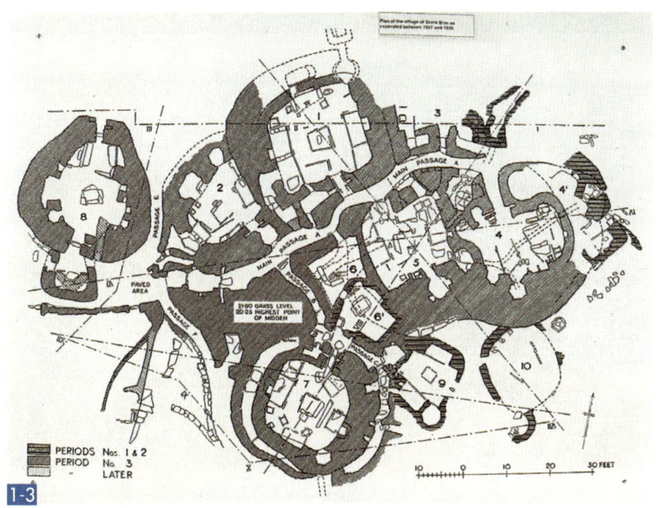

图1-2　斯卡拉布雷遗址

图1-3　斯卡拉布雷平面图

图1-4　保存完好的圆形半穴居结构

图1-5　遗址室内

图1-6　遗址内部空间

大多数研究者根据房子的形态和地理位置判断这里的居住者是冰河时期来到英国定居的皮克特人，很可能是 4000 年前变化无常的气候导致人们被迫离开。

1.3.2 威尔特郡温德米尔山（Windmer Hill）

威尔特郡温德米尔山是新石器时期带堤道围场的经典例子，是同类型带堤道围场中最大的一个。有记载表明温德米尔山建于公元前 2960 年，并一直使用到公元前 2570 年左右。它的 3 个环形沟渠是间隔几乎相等的规则的椭圆形（图 1-7、图 1-8）。

燧石工具和早期的陶器碎片以及大量动物骨骼的发现表明这里曾有宴饮、动物交易或仪式，它可能是一个举行地方节日的或进行动物屠宰及交易的场所（图 1-9）。

图1-7　威尔特郡温德米尔山
图1-8　清晰可见的三个环形围场沟渠
图1-9　早期绘画中呈现的场景

1.3.3 麦豪遗址（Mae Howe）

麦豪遗址是一个在奥克尼群岛最大的墓葬（图 1-10），约建于公元前 2800 年，土墩面积为 38 米 ×32 米，高 7.3 米。空地周围有一条宽阔的壕沟。入口通道长 11 米、宽 1 米宽、高 1.5 米（图 1-11）。通道前一段用石块层层砌筑，后一段用石板组成，

图1-10　麦豪墓葬
图1-11　墓穴入口

深入土墩约15米的墓室（图1-12）。墙体用矩形石块砌筑，表面光滑，接缝精细，墓室之间的砖石板重达30吨（图1-13）。麦壕遗址的特点是长形墓，低入口通道引至一个正方形或长方形的房间。麦豪遗址在1999年被联合国教科文组织列为世界遗产。

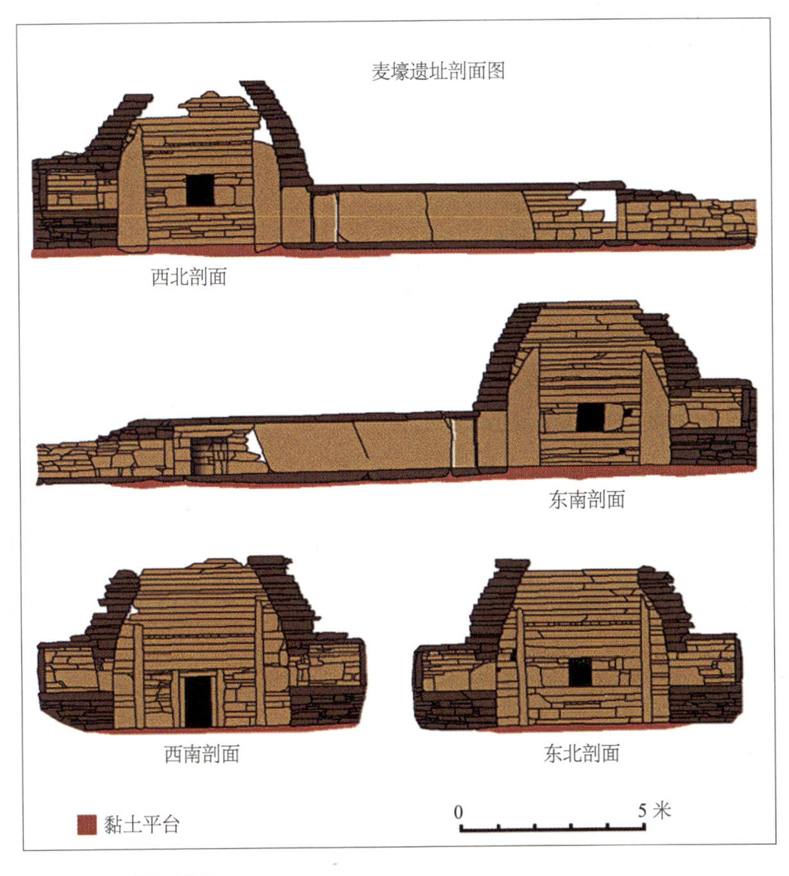

图1-12　墓穴剖面

图1-13　墓穴内部

1.3.4　布罗德加尔石栏（Rin o Brodgar）

布罗德加尔石栏距今约2500～2000年（图1-14），石圈直径104米，最初是由60块巨石组成，现在只有27块石头。对石环产生的原因，考古学家认为也许是宗教圣地或仪式景观（图1-15）。

石块的高度在2～4.5米之间，整个场地为一个完美的圆圈，石圈直径为104米（约341英尺），石头之间相距约6度。布罗德加尔石栏是已知保存最好的新石器时代晚期或青铜时代早期的石环，1999年被列为世界遗产。

1.3.5　巨石阵（Stonehenge）

巨石阵位于伦敦西南100多公里的索尔兹伯里平原上，始建于新石器时代（图1-16）。考古证明，巨石阵的修建是分几个不同阶段完成的。大约在公元前3100年开始了巨石阵的第一阶段的修建。在公元前2100年～公元前1900年，人们修建了通往石柱群中央部位的道路，又建成了规模庞大的巨石阵，形成

图1-14　布罗德加尔石栏

了夏至观日出的轴线。人们以巨石作柱，上卧一巨石作楣，构成直径 30 米左右的圆圈，圆圈内是呈马蹄形的巨石牌坊。其后的 500 年间，人们不厌其烦地多次重新排列这些巨石的位置，形成了今天大致能看出的格局。环形石柱群平均石高 6 米，单块重 30～50 吨，石柱上面是厚重的石楣梁，紧密相连，形成柱廊形状，整个结构呈马蹄形。石环内有 5 座门状石塔，总高约 7 米，呈向心圆状排列（图 1-17）。

这个巨大的石建筑群位于一个空旷的原野上，占地大约 11 公顷，主要是由许多整块的蓝砂岩组成。就建筑技术而言，巨石阵达到了极高的水平。巨石块内侧表面比外侧光滑一些，上面的横梁加工成水平的弧线形，在立柱顶部拼合起来正好是一个正圆（图 1-18）。横梁上凿出的孔洞在安装时要正好对准直立石块的凸榫。最不同寻常的是视觉上的微调。立柱的轮廓线在中部鼓胀起来，向上稍稍变细，横梁外侧的表面修凿成向外倾斜 15 厘米，以使人们从地面上看去是垂直的（图 1-19）。

巨石阵不仅在建筑学史上具有重要的地位，在天文学上也同样有着重大的意义：它的主轴线、通往石柱的古道和夏至日早晨初升的太阳在同一条线上（图 1-20、图 1-21），另外，其中还有两块石头的连线指向冬至日落的方向。因此，人们猜测，这很可能是远古人类为观测天象而建造的，是天文台最早的雏形。

最近公布的消息称巨石阵下方存在 15 处未知的纪念碑体。科学家之所以给出这个结论是因为传感器探测到巨石阵下方存在物体，存在大量人类活动的痕迹，比如宗教仪式。古人将太阳

图1-15　充满仪式感的石圈阵列
图1-16　巨石阵全景

图1-17　巨石阵鸟瞰
图1-18　巨石阵的梁柱结构
图1-19　梁柱结构细部

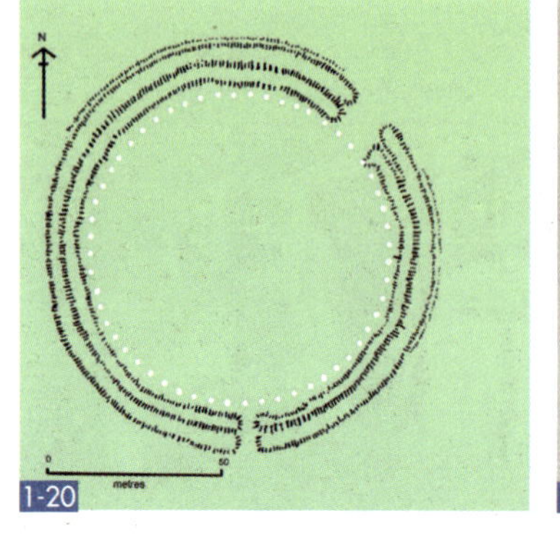

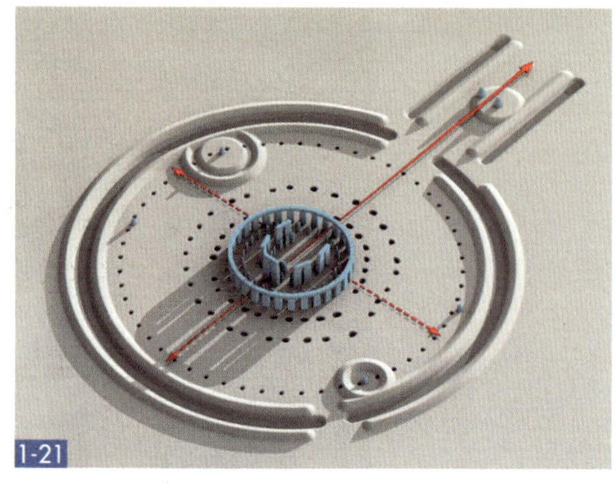

图1-20　巨石阵平面图
图1-21　巨石阵分析图

的升起、落下与某种仪式结合起来，以供当时的人们“朝圣”。2003 年，伦敦大学研究人员迈克·帕克·皮尔森也发现了一些动物骨骼和工具，这些证据暗示着巨石阵可能是一处宗教活动和祭祀活动的重要场地。

几千年来，人们无不感叹巨石阵的壮观，它代表了人类一个地区的文明，其建造的目的到底是天文台还是宗教祭祀活动场所至今仍然是一个谜，许多人更愿意相信，这是远古祖先有意留给后人的一个巨大谜题。

1.3.6　梅登城堡（Maide Castle）

梅登城堡建于公元前 600 年，占地面积达 47 英亩，为不列颠铁器时期最大的山丘城堡（图 1-22）。公元 4 世纪晚期，罗马军队曾在此建立了寺庙和辅助工事。直至公元 410 年，衰弱的罗马帝国无力维持在不列颠的驻军而撤离，梅登城堡所在的小山坡此后成为农田（图 1-23）。梅登城堡是英国在为奥运会修建公路时发现的。

图1-22　梅登城堡鸟瞰
图1-23　肥沃的农田和平缓的丘陵尽收眼底

1.3.7　戴恩伯里（Danebury）

戴恩伯里山堡在英国汉普郡约 19 公里西北部的温彻斯特，占地 5 公顷（图 1-24、图 1-25）。建于公元前 6 世纪，要塞被使用了近 500 年。英国大多数的山堡建于铁器时代，山堡的形状为未来的防御性堡垒的发展奠定了基础。

戴恩伯里山堡周围有许多小农场，面积从 1 公顷到 2 公顷不等。堡垒提供的粮食比一般的田庄高很多倍。山堡作为周边地区的“中心地”，人们可以收集和储存商品，有动乱时人们会撤退到山上要塞这个相对安全的地方避乱（图 1-26）。

戴恩伯里山堡主要是一个农业社会，人们用牛、羊、羊毛布和皮革制品与其他地区交易而获得铁、锡、铜、盐、页岩和其他石头。约 300～400 人在这里居住了 400 多年（图 1-27）。那时候人们的主要任务可能是保护牲畜和粮食。在山的最高点有神社和寺庙。

图1-24　戴恩伯里山堡鸟瞰

图1-25　戴恩伯里山堡全景

图1-26　山堡复原图

图1-27　社区的生活场景

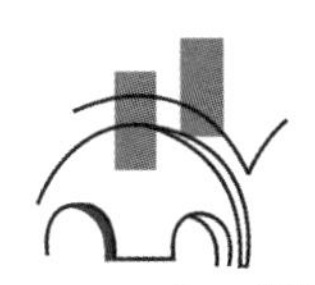

2　罗马占领时期的建筑（公元前 55 年 ~ 公元 410 年）

THE ARCHITECTURE OF THE ROMAN OCCUPATION PERIOD

2.1 概述

公元前 2 ~ 前 1 世纪，不列颠南部发生变革，人们发现了更好的居住方式，这一地区山寨的建设告一段落。从经济学的角度来看，这一时期贸易方式的变化缘于罗马势力向西的扩张，使得不列颠出现了真正的市场和货币体系，并促进了不列颠早期城市的发展。学者们将这些早期城市称为“奥皮达”(Oppida，拉丁字义是“有防卫的遗址”，考古学指铁器时代出现的城镇)。不列颠最早的奥皮达出现在公元前 1 世纪，它们通常耸立在河流渡口和主要的陆地贸易路线上。规模相对较小，至少有一重土墙围绕，拥有很好的道路、方正的木质建筑和仓储设施。到公元 1 世纪末，发展为由土城墙保护的占据大量土地的奥皮达。不列颠的奥皮达显示出真正的城市生活面貌，据记载，罗马人占领这些奥皮达后，仍然将行政中心设在这里。

公元前 55 年，尤里乌斯·恺撒带领 1 万人和 80 条快船横穿英吉利海峡到达不列颠的多佛港，由于恶劣天气使得后援船只无法抵达，最后只得撤兵。第二年恺撒大帝再次率兵登岛，又因远在大陆的高卢发生起义只得回撤欧洲大陆。恺撒从此再无机会登上这片土地，罗马人对不列颠的征服也因此推迟了一个世纪。虽然恺撒在不列颠两次无功而返，但对于英国来说，这位不速之客开启了他们文字记载的历史，恺撒本人也成为一个记载不列颠社会史况的作家。根据他的描述，英国那时还是一个原始部落特征的国度。

公元 43 年，刚刚登基的皇帝克劳狄希望通过军事胜利提高自己在罗马的威望，准备再次出兵不列颠。由于事先做了大量的基础调研，分析了大不列颠的历史、地理、人文社会状况，总结了恺撒的经验教训，克劳狄决定出动大规模罗马军团，最终集结了 4 万人进发不列颠。历经 18 年，克劳狄征服了英格兰大部分地区，同时将罗马的文化、制度和法律植入不列颠，使英格兰土著居民渐渐抛弃原有生活方式而效仿罗马人，达到巩固罗马人在不列颠统治的目的。

罗马人占领不列颠后，在伦敦和驻军中心地之间，修筑宽20～24英尺、长5000多公里的石块路，是可供四轮马车全年通行的罗马大道，在大道上，每隔8～15英里就设一个驿站。

为阻止北方凯尔特人南下侵略，罗马皇帝还修筑多条长城以达到防御目的。

城镇是罗马人使不列颠拉丁化的载体。罗马统治时期不列颠有二三十个较大的城镇，人口规模从伦敦的1.5万人到平民城1000人左右不等。文化教育、政治活动和休闲中心都集中在城镇，周围的乡村从属于城镇管理。罗马时代不列颠城镇的基本格局是：城镇中心有一个广场，四周为店铺和公共建筑。

在英格兰成为罗马属地期间，由于上流社会乐意接受舒服便利的罗马式居住生活，从公元1世纪起，在英格兰东南部大部分较为富有的不列吞人开始兴建罗马别墅。建设的高峰期是公元4世纪上半期，它们的规模从犹如农场小屋般的小宅子，到百人以上一起生活的大规模建筑都有。一般的建筑格局是四五个房间加上一个前廊，某些富有的不列吞人甚至修建三四十个房间，并带有数个庭院的大别墅，同时设置以地下暖炉和疏烟瓦道构成的中心取暖系统，沐浴设施也成为时尚。有的大别墅还附设有粮库、牲畜圈和工人房间。这种布局大大有别于凯尔特人的棚屋。在农村，凯尔特人的居住生活方式基本没有变化，只是通过罗马大道和集市保持着和城镇的联系。

由于大部分城镇建设从一开始就具有一种与土著不列颠文化完全不同的社会和文化风格，是罗马人强加给不列颠的，并不是不列颠经济政治和社会生活发展的结果，所以，随着后来罗马帝国的没落，这些城镇也就逐渐衰落了。

公元 5 世纪，罗马帝国的衰落使罗马人撤出了不列颠。在罗马人撤退以后，撒克逊人破坏了罗马时代的城镇和别墅，以至于罗马 – 不列颠文明几乎灭亡。就整个不列颠而言，在罗马帝国未涉足的地区，如现在的威尔士和苏格兰地区，凯尔特文化基本保持不变，罗马帝国的疆域内，凯尔特文明的基础也依然存在。罗马时期是个转折点，在罗马人对不列颠长达 400 年的占领过程中，罗马的文化和风俗深深影响着不列颠，原先的土著居民接触到了灿烂的罗马文明并被同化，尽管没有更多现存的遗迹，但是这个时期的存在使不列颠从史前跨入了文明时代。

2.2 主要建筑类型及特点

2.2.1 居住建筑

1. 普通居民仍然居住在乡村，不列颠人的农庄以木构房屋和土坯房为主，居民点有多种形式，包括单独的农庄和复合村落。居住建筑包括圆形房屋和长廊房屋等，最常被人们提到的是罗克斯特（Rockstedt）发掘出来的建筑群（图 2-1）。

2. 上层社会则开始大量兴建罗马式别墅，有回廊式、中庭式和长方形两侧廊式。虽无遗迹，但罗马化的居住和生活方式影响到后来的英国式庄园，在早期的上层社会别墅中可以发现墙面和地面的马赛克装饰（图 2-2、图 2-3）。

2.2.2 防御设施

这个时期为了防御开始修筑长城和各种城堡，城堡均为罗马风格。典型案例如哈德良长城（Hadrian’s Wall）和多佛古城堡（Dover Castle）（图 2-4）等。

图2-1　现存的遗迹
图2-2　多西郡（Dorsey County）发现的罗马马赛克画（一）
图2-3　多西郡发现的罗马马赛克画（二）
图2-4　防御性极强的多佛古城堡

2.2.3 宗教建筑

在锡尔切斯特（Chester Silver）发现的4世纪晚期的长方形教堂，内有洗礼池，是迄今为止最早的基督教堂。有迹象显示一些城镇建筑中的房间被用来作为基督教的小礼拜堂。

2.2.4 公共建筑

开始出现罗马城市中常有的神庙、市场、审判庭、市政厅（维鲁拉米翁自治市发现一座建于公元380年左右的拥有22间房间的市政厅）、竞技场、剧场、公共浴池等大型建筑，这些建筑均为罗马建筑风格。拱和柱子成为建筑中常用的构件，回廊和庭院也常常使用在建筑设计中。输水道、下水道在城市建设和建筑中也有广泛应用，如比林斯格特附近的建筑发现地下供暖设备和私人浴室。现存建筑实例如巴斯的罗马浴场（Roman Baths）。

2.2.5 城市形态

城市作为军事要塞和贸易中心发展起来，城市化使得各大城市都有市场、商店、旅馆、庙宇、浴室、戏院等。其中受罗马文化影响最大的5个自治市和3个军事重镇：5个自治市为伦敦（London）、格洛斯特（Gloucester）、维鲁拉米翁（Verulamium）、林肯（Lincoln）、科尔切斯特（Colchester）；三个军事重镇为约克（York）、切斯特（Chester）和卡尔龙（Calne）。

所建城镇的基本格局是城镇中心有一个广场，四周为店铺和公共建筑，广场上分布着神庙、长方形会堂、公共浴池等建筑。部分城镇有圆形剧场、宫殿以及港口设施。

2.3 建筑实例

2.3.1 哈德良长城

2 世纪建造的哈德良长城是罗马帝国最著名的防御工事之一，它东起泰恩河口，西至索尔维湾，逶迤于英格兰北部的绵绵山脉间，将不列颠岛拦腰分为两部分（图 2-5）。

工程自 122 年开始，修建时间几乎贯穿于哈德良皇帝的整个统治时期（117~138 年）。其间经过几次较大变动，到彻底完工时，它已成为一个颇为复杂的军事防御系统，主要由以下几部分构成：北面挖有 V 形壕沟的石制长城，长城上设有一系列驻军要塞，包括城堡、里堡和角楼。除了以上主体部分外，还包括三个辅助部分。首先是长城以北的岗哨，起到预警和镇守的双重作用。其次是连接军城堡的军事大道，充当兵力运输线。最后是西部坎布里亚海事防御，防范苏格兰西南部落从海上的侵袭（图 2-6~图 2-9）。

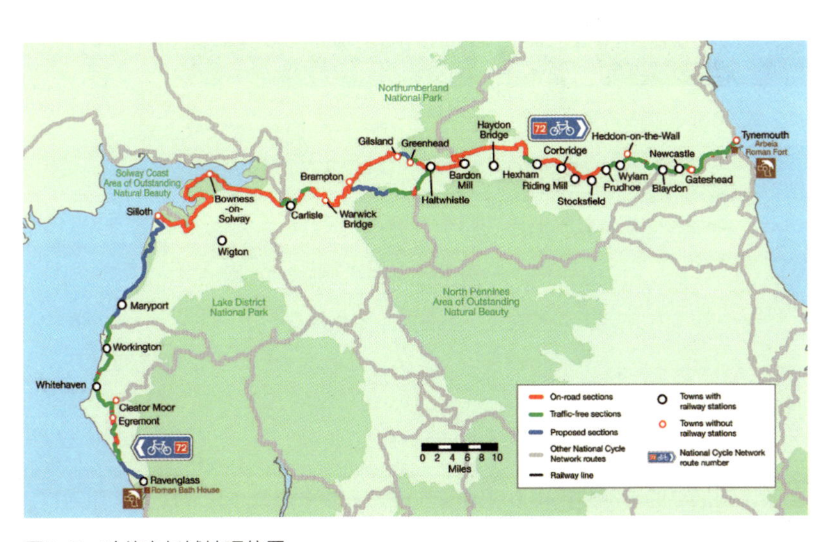

图2-5 哈德良长城地理位置

图2-6　蜿蜒起伏的哈德良长城
图2-7　余晖下的哈德良长城
图2-8　城墙局部
图2-9　城墙旁要塞遗址

2.3.2　巴斯罗马浴场

不列颠岛的大部地区由罗马帝国统治了 400 多年，尽管罗马人精通建筑技艺并在势力所及的范围内建造了很多的古典建筑，

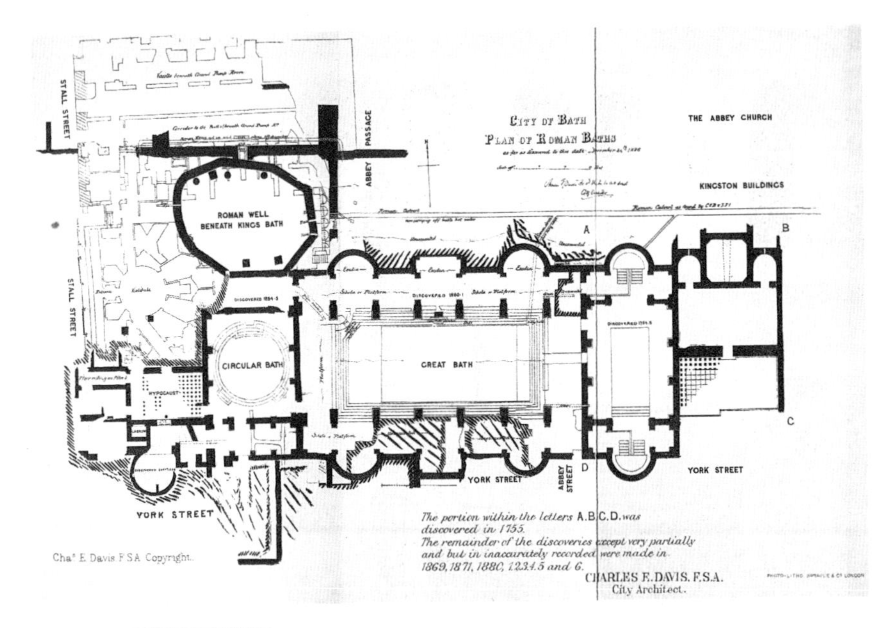

图2-10　巴斯浴场平面图

但它们至今基本都荡然无存，只保留下来一些残垣断柱和废墟，巴斯的罗马浴池是保存相对完整的古罗马时期建筑遗迹。在罗马帝国早期，财富的聚集和社会的稳定使罗马人得以大力发展建筑，他们沿袭希腊风格，建造起遍布罗马帝国的大型公共温泉浴场。

入侵不列颠后，罗马人将这一生活方式和建筑形式也带到英国，巴斯罗马浴场即为那个时期的遗存。浴室由一系列建筑组成，有更衣间、休息间和不同大小的温泉（图 2-10）。休息室环绕温泉而建，采用半圆的拱形结构（图 2-11），外墙有立柱和拱形窗，造型优雅，并雕饰精美的图案和塑像。设计汇集了罗马文化的精髓，集庙宇、温泉、水利工程奇迹于一身，整个建筑如宫殿般恢宏（图 2-12、图 2-13）。

图2-11　半圆形的拱结构

图2-12　浴场内部

图2-13　浴场内的罗马塑像

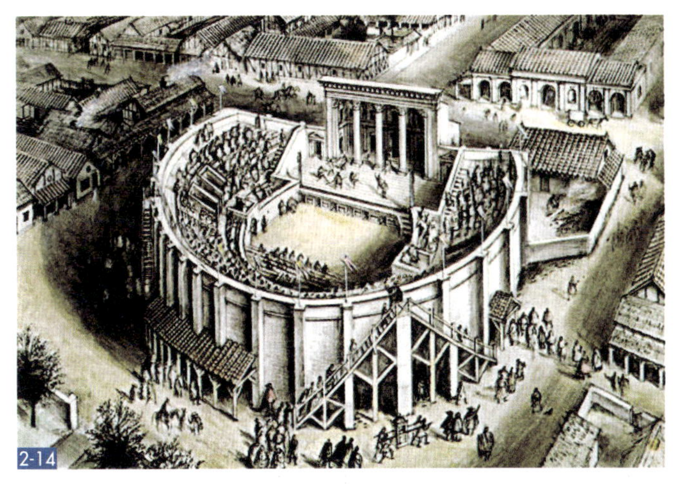

图2-14　维鲁拉米翁复原图
图2-15　砖石相间的墙面

2.3.3　维鲁拉米翁（Verulamium）

维鲁拉米翁在罗马占领时期为英国第三大城市，位于现西南赫特福德郡圣奥尔本斯市，面积约125亩（图2-14）。维鲁拉米翁有论坛、教堂和剧院，其中大部分受损，但罗马砖和石头依然清晰可见（图2-15、图2-16），罗马剧场入口和中央舞台的座位被草覆盖（图2-17）。

图2-16　清晰的砖石纹理
图2-17　绿草覆盖罗马剧场入口与中央舞台

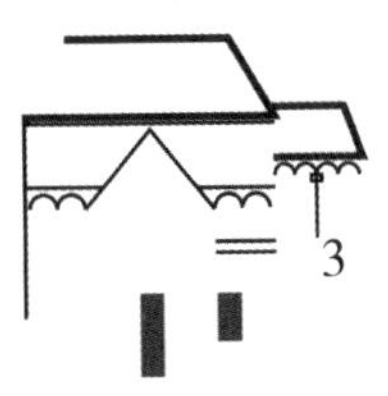

3 盎格鲁—撒克逊时期的建筑（5 世纪 ~ 1066 年）

THE ARCHITECTURE OF THE ANGLO-SAXON PERIOD

3.1 概述

随着罗马军队的撤出，蛮族人对不列颠的侵扰越来越频繁。410年时，自顾不暇的罗马帝国拒绝援助不列颠，于是在5世纪下半叶日耳曼部落纷纷涌进了不列颠，它们分别是盎格鲁—撒克逊人（来自今德国西北部和荷兰）以及朱特人（Jute，来自日德兰半岛/Jutland）。这些日耳曼部落打败了当地的凯尔特人，战败的凯尔特人逃到了现在的威尔士以及英格兰西南部的康沃尔（Cornwall）地区，他们中的一部分还越过英吉利海峡到现在法国的布列塔尼（Bretagne）地区定居。

盎格鲁—撒克逊人入侵的历史，前后至少持续了150年。他们最初是作为海盗，然后作为雇佣兵，最后作为拓殖者相继进入不列颠。盎格鲁人定居在英格兰北部，撒克逊人在南部，朱特人则住在怀特岛和汉普顿郡一带，土著凯尔特人大多变成了他们的奴隶。由于盎格鲁—撒克逊人对于原来罗马城镇和文化的大规模破坏，使得较为文明的罗马化不列颠又退回到原始状态。

盎格鲁—撒克逊时期是英国基督教发展的重要时期，6~7世纪，所有的英格兰国王和他们的王国政府都皈依了基督教，7世纪60年代是英格兰修道院的黄金时代，期间修道院成倍增加，修道院文化极为深刻地影响了未来英格兰农村教会的发展。

一般来说，史前英国被称为不列颠，自盎格鲁—撒克逊人到来以后，才称为英格兰，其含义是“盎格鲁人的土地”（Anglo-land），最终变成了“英格兰”（England），而他们所讲的语言被称为English，就是古英语，现代英语中许多简单词汇的真正来源。而经历了无数次外来入侵和征服后，征服者和被征服者也渐渐融合成为一个民族，就是英格兰人。

英国首相丘吉尔曾说“在黑暗中睡去的是不列颠，在黎明时醒来的已是英格兰”。

3.2 主要建筑类型及特点

3.2.1 居住建筑

凹陷棚屋是早期盎格鲁—撒克逊人比较典型的居室，棚内地面下陷，犹如较浅的地窖。部分地区出现乡村建筑结构的方形木屋，木骨架墙面和茅草顶基本延续了铁器时代凯尔特人的住屋形式。平面形式则受到罗马时期居住习惯的影响，空间根据功能划分为寝室和客厅两个房间（图 3-1）。

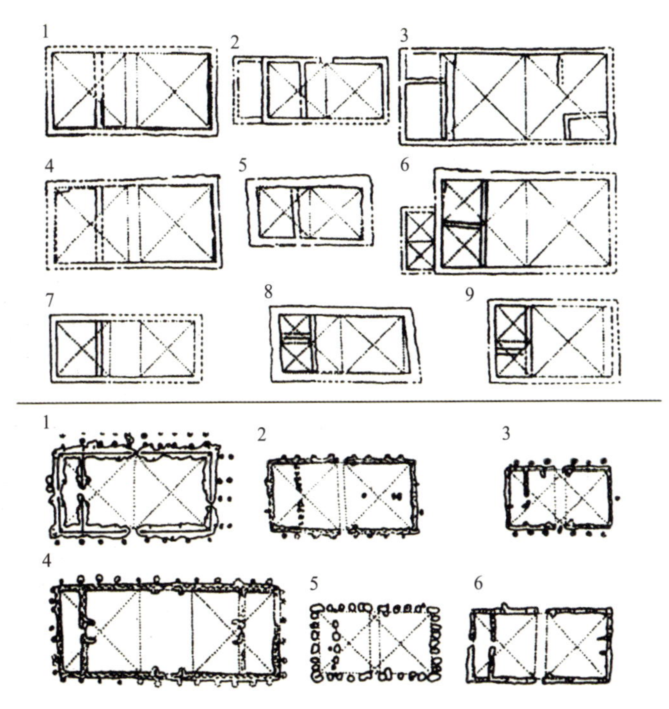

图3-1　晚期罗马风格（上）和撒克逊建筑风格（下）平面图对比

图3-2 凹陷棚屋

中期撒克逊英格兰的绝大多数农户建筑低矮、门窗较小，建筑大多有地下室，用于存储。茅草屋顶就地取材，选择较为轻的材料，如莎草、亚麻和麦秆等，英格兰南部大多使用麦秆，东部多用芦苇（图3-2）。中间有火炉，烟气由屋顶上的空洞排出。

3.2.2 防御设施

为了避免英格兰和威尔士之间的冲突，这个时期开始修建堤岸和壕沟。此时期的堡垒大多为土工，中间偶建木塔以供瞭望，周边为栅栏（图3-3）。有些带有磨房，很像维持军事设防的城堡（图3-4）。

图3-3 带有瞭望木塔的堡垒

3.2.3 宗教建筑

随着基督教的传入，公元6~7世纪间这里大量兴建修道院和教堂，建筑基本采用罗马时期建筑废料如碎石和砖，形式尚有罗马之风格，平面简单（图3-5），立面有圆拱和三角头窗洞以及狭缝般的小窗，墙角常用长短石交互装饰。这个时期著名的有奥古斯丁修道院（St. Augustine's Abbey）、惠特比修道院（Whitby Abbey）和万圣教堂（All Saints Church）。

3.2.4 城市形态

教堂和要塞形成了城市的雏形，人的活动开始向教堂集聚，

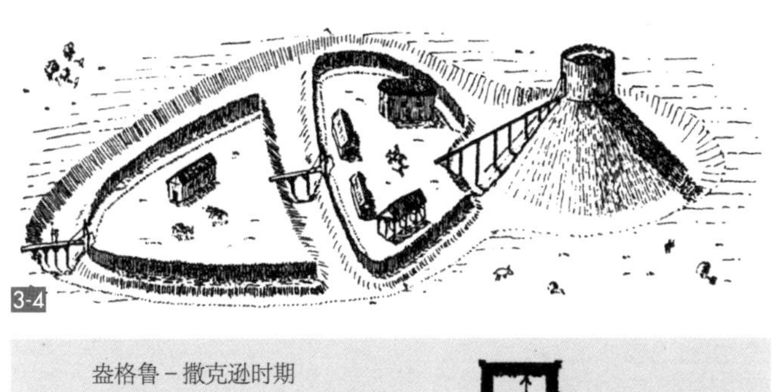

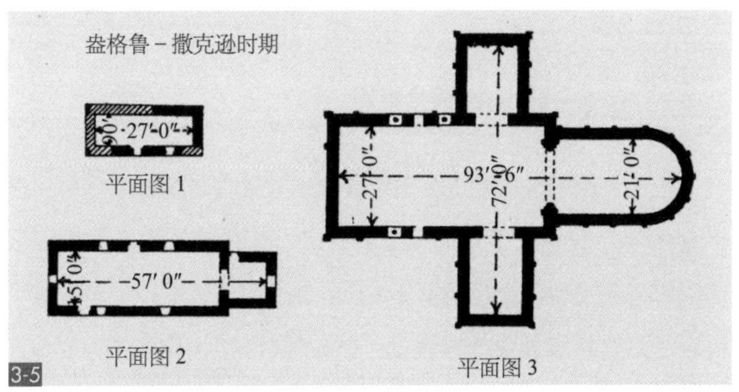

图3-4　军事防御城堡
图3-5　盎格鲁－撒克逊时期的教堂平面

以大教堂为中心的聚居地成为中世纪英格兰城镇的起源。

这个时期出现了郡和百户区，标志着英格兰从部落的王权转变成为地域性的君权。

3.3 建筑实例

3.3.1 坎特伯雷大教堂（Canterbur Cathedral）

坎特伯雷大教堂，位于英国肯特郡坎特伯雷市，建于598年，是英国最古老、最著名的基督教建筑之一（图3-6、图3-7）。坎特伯雷大教堂规模恢宏，长约156米，最宽处有50米左右，中塔楼高达78米，是世界上最宏大最壮丽的天主教堂，造型传统而神圣，整栋建筑呈现出一个十字架的结构。

这座大教堂可以追溯到奥古斯汀，不过早期的建筑已毁于战火。1070年这座大教堂动工重建，后来又经历了不断的续建和扩建，其中中厅建于1391～1405年间，南北耳堂建于1414～1468年，三座塔楼也分别建于不同时期。高大而狭长的中厅和高耸的中塔楼及西立面的南北楼表现了哥特建筑向上飞拔升腾的气势，而东立面则表现出雄浑淳厚的诺曼风格，整个教堂于1834年完工。

3.3.2 圣奥古斯丁修道院

圣奥古斯丁修道院是英国留存到现在最古老的教堂之一，建于598年。罗马教皇Gregory I于597年时派遣圣奥古斯丁到英国宣扬天主教，在肯特国王Ethelbert的允诺下，圣奥古斯丁得以于皇宫城墙外建一座教堂，供教徒敬拜之用，三间由木材、燧石、砖块及瓦片组成的撒克逊式小教堂就成为此地最早的建筑（图3-8、图3-9）。

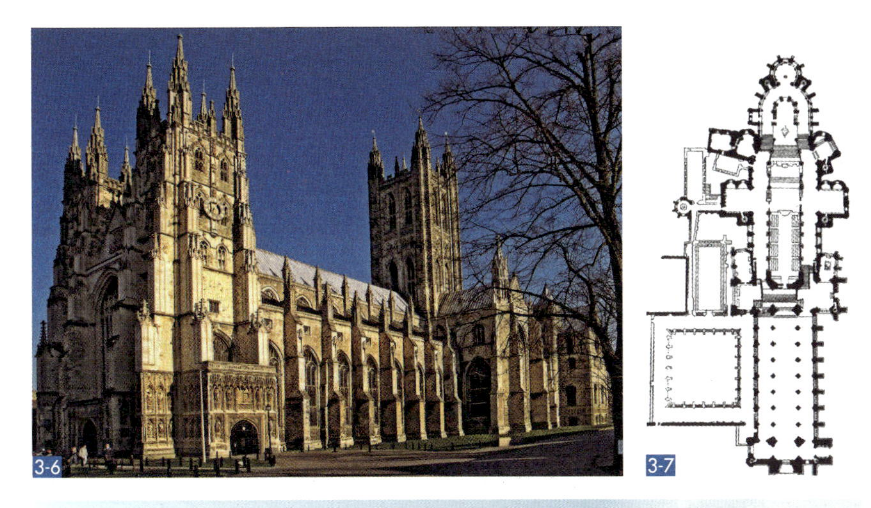

图3-6 坎特伯雷大教堂
图3-7 坎特伯雷大教堂平面图
图3-8 圣奥古斯丁修道院遗址

图3-9　中殿及大厅遗址

北部的诺曼民族入侵后，便将原来的三间小教堂改建成一座外部雄伟、内部装潢精美的石头建筑。一直到 1500 年，教堂不断增建，教士们也不断增加，据说当时的图书馆中有 2000 多本书，其中不少是出自此教堂内教士之手。

3.3.3　惠特比修道院

惠特比修道院始建于 657 年，至今有 1500 多年的历史。修道院建造于盎格鲁 - 撒克逊时代，处于整个小镇的中心位置，拥有巨大而稳定的柱子，高耸的拱门和敞开的窗（图 3-10、图 3-11）。惠特比小镇的发展正是因为这个修道院，修道院在 9 世纪被维京人破坏。如今惠特比修道院只剩残垣断壁，是英国一级保护文物，矗立的残垣断壁仿佛见证着这里的兴衰荣辱与岁月无常（图 3-12）。

图3-10　远观惠特比修道院

图3-11　序列感极强的柱廊

图3-12　苍劲有力的拱门和窗

3.3.4 万圣教堂

位于厄尔斯巴顿（Earls Barton）的万圣教堂是伦敦最古老的教堂之一，建于675年（图3-13）。教堂平面简单，体量较小，保留着最初撒克逊教堂拱门，拱门下面是罗马步行道。于1926年被发现，从而证明了2000多年前这里的城市生活。方正的塔楼外墙装饰是由石条组成的几何形状图案，具有稚拙的趣味，反映了当时木结构的装饰传统（图3-14）。

图3-13　夕阳下的万圣教堂

图3-14　万圣教堂立面细部

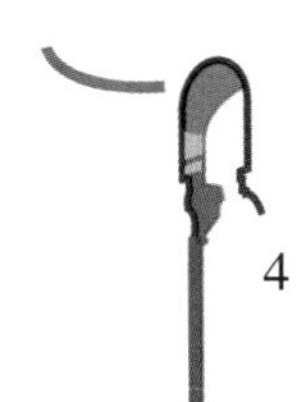

4 英国中世纪早期诺曼时期的建筑（1066 ~ 1154 年）

THE NORMAN ARCHITECTURE OF EARLY MEDIEVAL BRITAIN

4.1 概述

诺曼底位于法国塞纳河下游，是一个由丹麦人建立的公国，威廉为公国的公爵。1066 年 1 月，由于盎格鲁—撒克逊王朝君王忏悔者爱德华国王死后无嗣，海峡对岸的威廉伺机以爱德华曾在 1051 年邀他访问英国并许诺他为英格兰王位的继承人为由，对爱德华临终指定的哈罗德英王发起进攻。1066 年 9 月，威廉召集诺曼底、布列塔尼、皮卡迪等封建主进行策划，率兵入侵英国。10 月 14 日，双方会战于黑斯廷斯，英军战败，哈罗德阵亡，伦敦城不战而降。12 月 25 日，威廉在伦敦威斯敏斯特教堂加冕为英国国王，即威廉一世。诺曼征服标志着英国中世纪的开端。

1066 年的诺曼征服也许是英国历史上最著名的事件，征服者威廉几乎没收了所有土地，将其分发给他的诺曼追随者。在威廉的统治下，英国的封建制度完全确立。威廉一世规定国王个人拥有所有土地，国王将土地分给贵族，贵族保证服役和交租。成为国王土地承租人的贵族，再把土地分配给小贵族，骑士和自由民，同样要求交租和服役。封建制度的底层是农奴。所有的土地拥有者，无论是承租人还是二佃户，不仅要宣誓效忠于直接领主，而且还要宣誓效忠国王。这种制度有效地限制了贵族权力的扩大。贵族的地产分散于各处，这样不易于联合起来反叛国王，威廉用强有力的诺曼政府代替了软弱的撒克逊政府。

诺曼征服后，在分封的领地上到处都出现封建庄园。封建庄园是英国封建社会的基本经济单位，领主是庄园里握有全权的最高统治者。

随着封建主义的出现，为争夺土地、粮食、牲畜、人口而不断爆发战争，导致贵族们修建越来越多、越来越大的城堡，来守卫自己的领地。英国最早的城堡就是11世纪诺曼人入侵英国时所带来的。在英格兰约有1500座城堡，其中建于11～12世纪的城堡就超过了1200个，这个时期的城堡从盎格鲁—撒克逊的木质的简易城堡，发展为石质建造。

从此，封建制度在英国完全建立，这个时期英国还开放了与欧洲大陆的联系，文明和商业得到发展，引进了诺曼-法兰西文化、语言、行为规范和建筑艺术。

4.2 主要建筑类型及特点

4.2.1 居住建筑

（1）普通住宅

英格兰南部普通居住建筑主要为木构，较多采用橡木（图4-1）。住宅开始普遍出现两层及以上房屋。墙面仍然为由木骨架搭成长方形，上面涂抹黏土和泥膏。北部地区为保温和避免潮湿，开始使用石块墙面和石片屋顶（图4-2）。

（2）庄园住宅

诺曼征服后，在分封的领地上到处兴建封建庄园。庄园土地通常包括领主直接领地、农奴份地和森林、牧场、池沼等公用地三部分。

庄园住宅通常为两层建筑，一层为储藏室，二楼为起居室和卧房。出入口直接设置在二层（图4-3）。由于庄园住宅同时具有务农性质，一楼是可以从外面进入的，但却没有楼梯通向二层，如有突如其来的入侵者，可以保证居住者的安全（图4-4）。

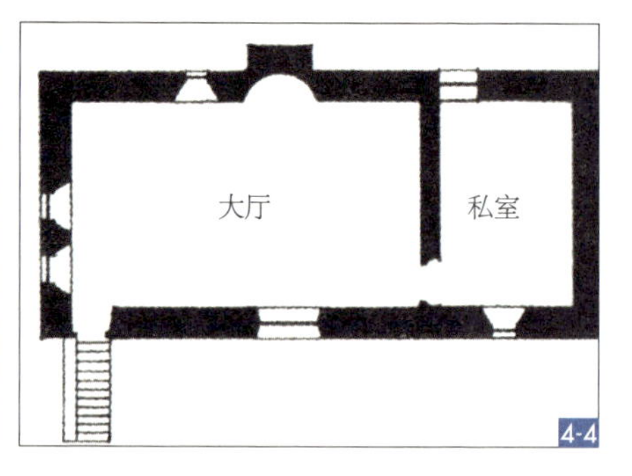

图4-1　南部木构住宅

图4-2　北部石块外墙

图4-3　诺曼时期的庄园住宅

图4-4　庄园住宅平面图

4.2.2 防御设施

为保证少数诺曼人对于广大英格兰地区的统治，诺曼人大量兴建要塞型城堡用以保护自己的领土，多数城堡都会利用自然地形，选择视线良好的地方。城堡除了日常防御外，发生特殊情况还可作为家人和属民的避难场所，城堡中均设满足需求的各种生活、生产和储物空间。这些城堡的建造形式采用了古罗马的技术和文化，城堡建筑雄伟而壮观，如华威城堡（Warwick Castle）和伦敦塔（Tower of London）。

4.2.3 宗教建筑

由于基督教的主导地位已经确立，各地教堂建筑的兴建都空前繁荣，教堂建筑也成为诺曼人巩固地位的另一种形式。大量诺曼式礼拜堂和修道院的建造沿用了欧洲大陆罗马式的建筑风格（图 4-5）。教堂建筑中都有着粗重的支撑柱子和连续的拱券（图 4-6），在四边和对角线上半圆的拱肋取代了交叉式的拱顶，增加建筑的稳固性，此时期教堂无论拱顶还是支撑的墙壁都很厚重。平面仍然较为简单，窗户的间距较大，窗的装饰为简单的拱形（图 4-7、图 4-8）。

4.2.4 医院救济院

由于贫民数量的不断增加，这个时期开始出现以慈善家集资建立的救济老弱贫困人口的机构，最早称为救济院。

4.2.5 城市形态

教堂和城堡之间的商业活动更加频繁，城市形态特征日趋明显。

4.3 建筑实例

4.3.1 塞勒姆古城（The Ancient City of Salem）

塞勒姆古城坐落在索尔兹伯里以北两英里处，是索尔兹伯里地区最早的文明定居点，塞勒姆古城出现在很多英国最早的文字记载中，其历史可以追溯到公元前3000年。塞勒姆古城最早是铁器时代的一座战略堡垒，建在两条贸易通道和埃文河相交的小山头上。古城呈椭圆形，原来是防御用的两道壕沟，罗马人、撒克逊人、诺曼人先后使用过这里（图4-9）。

诺曼人在老城的边缘修起了一道石墙，又在里面建了一座城堡。亨利一世国王曾在这里建过一个皇宫，但最终所有的一切都在十三四世纪被销毁，以便在河边建一座新城，也就是如今的索尔兹伯里。如今我们可以看到的塞勒姆，只是古城的一小部分断壁残垣和在壕沟外面的大教堂遗址（图4-10、图4-11）。

4.3.2 华威城堡

华威城堡最初由“征服者威廉”于1068年依河而建，有防御工事（图4-12）。相传阿尔弗雷德大帝的女儿和征服者威廉

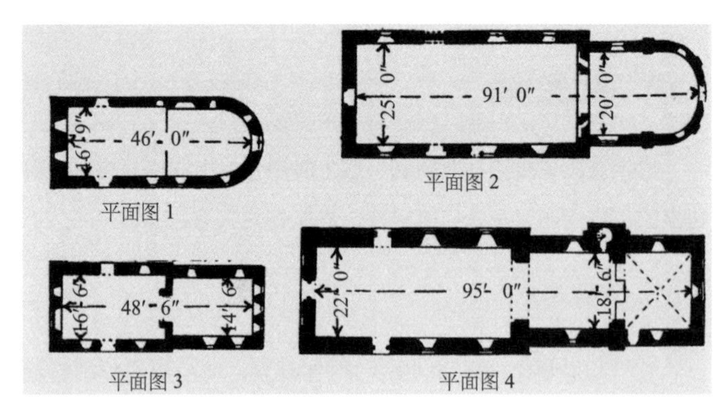

图4-5　教堂平面较为简单

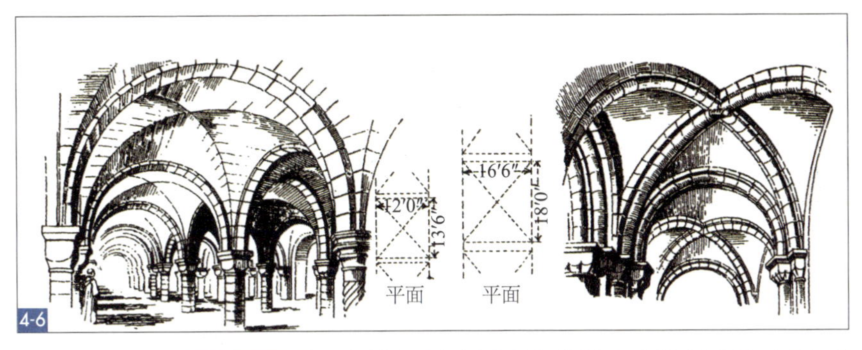

图4-6 粗壮的柱子与交叉拱顶

图4-7 窗户间距较大

图4-8 拱形窗饰

图4-9　塞勒姆古城模型

图4-10　古城遗址

图4-11　大教堂遗址

图4-12　华威城堡入口
图4-13　城墙及塔楼

都曾在此筑过堡垒要塞。14 世纪时，古堡进行改建，石墙代替了木栅栏，又增修了许多角塔（图 4-13）。塔内均有石梯直达塔顶，以便瞭望。17～ 18 世纪，堡内装修成为豪门贵族舒适的庄园宅邸。自 1088 年的亨利伯爵到现在还居住在城堡的盖伊伯爵，一共有 42 位伯爵曾住在华威城堡。

4.3.3 伦敦塔

伦敦塔是一组具有900多年历史的建筑，它始建于11世纪，坐落在伦敦城东南角的塔山上，占地0.18平方公里。伦敦塔虽名为“塔”，实际上是英国罗马时期的一座附有壕沟的城堡式建筑，用来防卫和控制伦敦城（图4-14）。伦敦塔既是坚固的军营要塞，又是富丽堂皇的宫殿，也是议事厅、天文台、教堂、纸币厂、监狱。除此以外，还有博物馆、武器展览馆和围墙城堡。

伦敦塔最重要的建筑是白色的诺曼塔楼，整个建筑的主体因用乳白色的石块建成，故又称白塔。白塔也是伦敦塔中最古老的建筑（图4-15）。它始建于1078年，到1097威廉二世时建成。东西长35.9米，南北宽32.6米，高27.4米，底部墙厚4.6米，顶部厚3.3米，是双层墙壁、窗户很小的诺曼式三层建筑。塔楼四角外凸，耸出四座高塔，除东北角塔楼呈圆形外，其余三座均呈方形。圆形塔楼设有螺旋楼梯，通达顶层。白塔二楼有1080年建成的圣约翰小礼拜堂（图4-16），这是伦敦最古老的礼拜堂，是一座小型的仿罗马式教堂，也是早期诺曼式宗教建筑的杰作。

4.3.4 喷泉修道院（Fountains Abbey）

喷泉修道院位于约克郡北部的Ripon西南部约3英里处，靠近Aldfield村。修道院建于1132年，经营超过400年，直到1539年，亨利八世下令解散修道院这里才逐渐被毁。喷泉修道院是当时规模最大、保存最完整的熙笃会（又译西多会）修道院（图4-17~图4-19）。

1132年，约克圣玛丽修道院的13名僧侣因不满当时本笃会日渐放松的修行方式，希望重新恢复6世纪圣本笃的荣光，与修道院产生了分歧，最后出走。在约克大主教的支持下开始兴建

图4-14　要塞与宫殿合二为一的建筑群
图4-15　白塔
图4-16　圣约翰小礼拜堂

图4-17　喷泉修道院遗址
图4-18　气势恢宏的柱廊
图4-19　墙体与拱券的完美结合

喷泉修道院。喷泉修道院属于熙笃会。熙笃会遵守圣本笃会规，但更为严格，主张生活严肃，重个人清贫，终身吃素，每日凌晨即起身祈祷。熙笃会的创立者和喷泉修道院的僧侣们理想是一致的，是在更加远离尘嚣的地方，过更宁静、更简朴、更符合圣本笃会规精神的生活。由于约克大主教的支持，在整个 13 世纪，喷泉修道院逐渐扩大，也慢慢积累财富和权利。到 16 世纪 30 年代，喷泉修道院已经发展成为英国最富有的修道院，从喷泉修道院恢宏巨大的遗址建筑上我们能够明显地感知其历史（图 4-20、图 4-21）。

4.3.5 达勒姆大教堂（Durham Cathedral）

达勒姆大教堂位于英国达勒姆郡，耸立在威尔河湾陡峭的石坡顶上，始建于 1093~1133 年（图 4-22）。大教堂的大部分建筑拥有 900 多年的历史，其后数经变化，但整体建筑仍体现出其诺曼式风格。教堂具有窗高墙厚、柱粗拱圆的特点（图 4-23）。西面屹立着两座对称的四方高塔，中间又耸起一座，造型既雄浑又壮观（图 4-24）。

达勒姆的城堡和大教堂在其建设过程中，建筑师们首次采用了英格兰独创的十字横肋穹顶技术，以此克服了罗马风格中多余而笨拙的筒形穹顶的建筑方式，开辟了通向更精细、更纤巧的哥特式艺术之路。原先承受着穹顶重力和推力的坚固的墙，被十字横肋和支柱替代（图 4-25）。这种新的构造类型，使更高大的空间和更空灵的外墙成为可能。达勒姆大教堂的尝试标志着一种崭新艺术形式发展阶段的肇始，这种形式在后来伟大的哥特式教堂里达到了顶峰。达勒姆大教堂被认为是英国最大、最杰出的诺曼式建筑遗产，其拱顶的大胆革新已预示着哥特式建筑的诞生。

图4-20　修道院内部的大空间

图4-21　内部交叉肋拱

图4-22　达勒姆大教堂北立面

图4-23　室内粗壮的罗马风格柱
图4-24　大教堂西立面的对称塔楼
图4-25　十字横肋和支柱

4.3.6 圣克劳斯医院（Hospital of St. Cross）

圣克劳斯医院位于汉普郡的温彻斯特，是英国最早和最大的救济院（图 4-26），建于 1133~1136 年，起初为 13 个年老贫苦的老人而设。医院到目前为止仍为 25 名老年人提供住宿。建筑是用石头建造的，围绕着两个四合院（图 4-27）。石头的拱形贯穿始终，墙厚一米多，由石头以及当地的燧石筑成（图 4-28、图 4-29）。经过后来几个世纪的修建，最终呈现出集诺曼和哥特风格为一体的建筑形式。

图4-26　圣克劳斯医院外观
图4-27　四合院围绕形成的建筑

图4-28　石头砌筑而成

图4-29　圣克劳斯医院室内

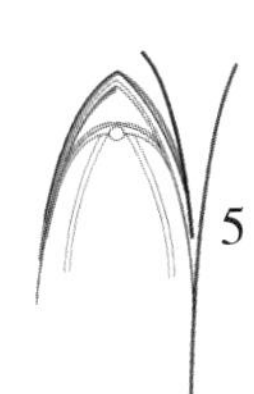

5 英国中世纪中、晚期建筑（1154 ~ 1485 年）

THE ARCHITECTURE OF MIDDLE & LATE MEDIEVAL BRITAIN

5.1 概述

中世纪中、晚期英国存在着大量的不同类型的社会关系，除封建关系外，如血缘关系、社区关系、国家统治关系等。以国家统治关系为例：盎格鲁—撒克逊时期英国的官僚管理制度在逐渐形成之中，并为后来英国国家统治所继承。到了十二三世纪之后，中央有王廷作为国王宫廷生活管理的中心兼国家行政中心，并且由于国事日渐繁杂，从王廷中成长出更为专门的行政机构如御前会议为国王提供意见咨询，直接对国王负责。

地方上，英国沿用盎格鲁—撒克逊时期延续下来的郡、百户区以及村三级管理机构，在司法中则发展出相当理性的诉讼程序和陪审团制度，也建立起职能有重叠却有较好时效的司法机关，如普通诉讼法庭、王座法庭、财政署法庭以及各种巡回法庭等。这个时期最著名和具有影响力的事件即为大宪章和议会的诞生。

威廉建立起的强大王权对巩固封建秩序起了积极作用，虽有大封建诸侯时起背叛，终未能压倒王室。但国王们连年对外征战，需要诸侯们提供越来越多的军费。到金雀花王朝的无地王约翰统治时期（1199～1216 年在位），君臣之间矛盾尖锐化。诸侯们要求维持封建的权利义务，约翰王却肆意践踏既成的封建秩序，又在对外战争中失败，丢失了在法国的大部分领地。因此，不仅大封建主，就连支持王权的中、小领主乃至市民也投入了反抗国王的行列。在联合压力下，约翰被迫于1215年6月接受《大宪章》，与封建主妥协。大宪章本质上是一个封建性文件，是保护封建领主的利益，但也有如保护市民贸易自由这样有进步意义的条文。

但约翰不久就否认宪章，君臣之间内战连绵不断。1265 年，孟福尔召集贵族、骑士和市民代表参加的大会，此为议会的雏形。1295 年，国王爱德华一世（1272～1307 年在位）为筹集战费，再次召集议会，除贵族外，还有每郡骑士代表 2 人、每市市民代表 2 人参加，史称“模范议会”。议会此后经常召开，1297 年获批准赋税权，14 世纪又获立法权。从 14 世纪中叶起，贵族和骑士、市民逐渐分别开会，慢慢演变出上下两院，议会的出现对以后英国历史发展有积极意义。

13～14 世纪，英国封建经济发展到极盛。农业耕作技术改进，城市发展，商品货币经济渗入农村。封建领主在农村开始了用货币地租代替劳役或实物地租的“折算”过程，折算使少数富裕农民赎得人身自由，但广大农民群众纷纷破产，沦为农村的雇佣劳动者。1348～1350 年横扫欧洲的黑死病，夺去英国近半人口，疾病和死亡导致劳动力短缺，国王爱德华三世（1327～1377 年在位）颁令，规定劳动者必须接受低工资雇佣，否则予以监禁。1380 年，国王理查二世（1377～1399 年在位）为征集英法百年战争战费，增收人头税，导致1381年5月爆发了“瓦特·泰勒起义”，起义虽失败，但震撼了英国的封建农奴制度。14 世纪末，英国农奴制实际上已经解体，15 世纪时，绝大多数农奴赎得人身自由，成为自耕农，封建主阶级也发生变化，从富裕农民、占有土地的商人以及中小贵族中产生新贵族，他们采用资本主义经营方式。旧贵族的统治陷入危机，封建骑士制度日趋解体，经过 1455～1485 年的玫瑰战争，旧贵族力量大大削弱，为之后资本主义生产关系的发展创造了有利条件。

得到新贵族和资产阶级支持的亨利七世在 1485 年即位，开始了都铎王朝的统治。

5.2 主要建筑类型及特点

5.2.1 居住建筑

（1）普通住宅

平面形式仍然是两居室为主的厅屋，客厅、餐厅、厨房都集中在一个空间内，地面是黏土，墙壁上涂抹灰泥。

这个时期英国南部的乡村住宅流行茅草屋顶的房子，厚厚的茅草屋顶不仅可以抵挡风雨，还特别结实。屋顶上的茅草用钢钉和木榫固定到房屋的木骨架上。茅草顶的房屋冬暖夏凉，隔声效果好。

大多数的茅草材料使用小麦秆，英格兰南部几乎每个村庄都会有茅草屋（图 5-1、图 5-2）。如奇平卡姆登乡村住宅（Chipping Campden）和百老汇乡村住宅（Broadway）均为中世纪的小村中的住宅，大量的茅屋村舍使得小村富有古朴的魅力。

北部由于寒冷潮湿，居民更加偏爱防御性能更好的石墙和石屋顶房屋（图 5-3、图 5-4）。

（2）庄园住宅

中世纪中晚期庄园住宅得到发展，住宅通常位于庄园中心，离领主的城楼有一定距离，是执掌督促庶民缴税和服劳役的骑士与其家族和家臣的住处。作为庄园的中心建筑，周围以木栅栏或土垒作防备（图 5-5）。这对于后世英国的庄园发展有深刻的影响。

中世纪后期，庄园住宅的功能开始增加，房间附设礼拜堂、各类服务空间和开放的公共空间等（图 5-6）。典型案例有英国东南部肯特郡的伊格特姆·莫特（Ightham Mote）。

图5-1　茅草屋
图5-2　麦秆作为屋顶材料
图5-3　北部地区石屋顶住宅

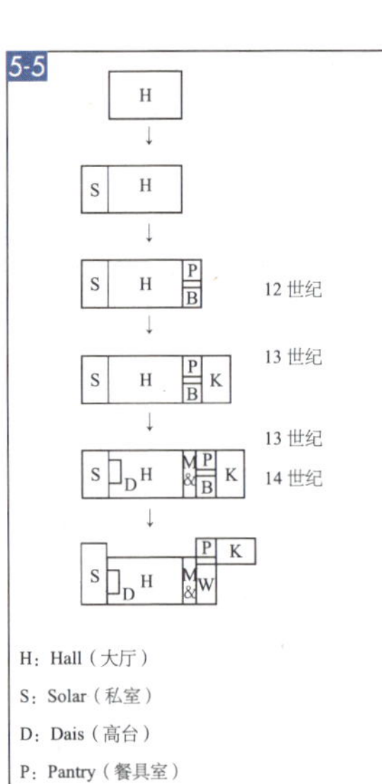

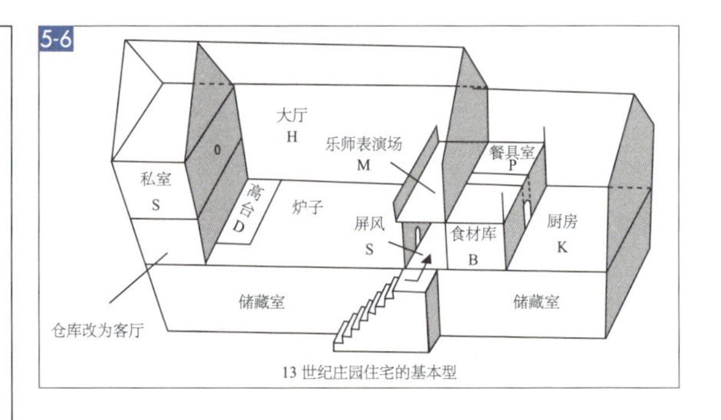

图5-4　石墙和石屋顶

图5-5　庄园的平面演化

图5-6　庄园功能空间的增加

5.2.2 防御设施

此时期的防御设施为古堡，既是设防的居宅，也是行政司法中心或款待贵宾的地方。

13 世纪时，经常在诺曼时期城堡四周增加房屋如伙食房、配膳房、更衣室和礼拜堂等，房屋的厅堂较大，有大壁炉和起居室。到 14 世纪，趋向于追求居住的舒适性，逐渐加筑宴会厅、厨房、公事房等，整栋房屋通常为四方形，中心有庭院，四周有壕沟，有吊闸和吊桥保护。15 世纪，由于商务发展，居住舒适性进一步提高，增加如洗碗处、面包房、啤酒屋、磨房、谷仓、马厩、牛乳房等功能空间，城堡虽有高墙，塔楼和护城壕沟，但内部非常舒适。

在众多古堡中，最为著名的是博马里斯（Beaumaris castle）、哈勒赫（Harlech castle）、卡那封（Caernarvon castle）和康威（Conwy castle）四座，它们共同构成联合国教科文组织指定的世界遗产，教科文组织称之为“13 世纪晚期和 14 世纪早期欧洲军事建筑最杰出实例”，一部分原因就在于这些城堡保存的完整性和原生态，这些城堡看起来几乎和 700 年前一模一样。

5.2.3 宗教建筑

中世纪中、晚期教堂建筑与早期诺曼式风格（主要为罗马风格）不同，这个时期英国逐渐形成具有自身风格的教堂建筑形式，大致可以分为三个阶段：早期哥特风格（约 1154 ~ 1275 年）、装饰哥特风格（盛饰式，约 1275 ~ 1380 年）和垂直式哥特风格（约 1380 ~ 1520 年）。从早期欧洲大陆尖顶拱门风格，到 14、15 世纪英格兰摆脱欧洲大陆影响，最终确立符合本民族审美观念的建筑风格。

经历了从以“早期”罗马式圆拱尖顶过渡到“盛饰式”的纤细几何窗格和华丽自然的花卉图案，再到“垂直式”时期的直线和水平线的综合应用，创造出清晰的线条和更大更亮的空间，建筑风格的更新无不体现英国建筑师们的创造力。“盛饰式”虽然只流行了半个世纪，但却被称作是整个英国中世纪建筑史上最杰出的创造性发挥。

14 世纪，英国的哥特式建筑出现了一种“垂直风格”的新潮流。其特征是以夸张的方式强调垂直性，在立面上修建面积极大的单幅窗户，再用许多栅栏式的直棂纵横贯通，用以分割空间。虽然这种建筑的外形仍是尖拱形，但窗顶多为较平的四圆心券，其中纤细的肋拱伸展盘旋，甚为华丽。同时出现的还有一种造型别致的复合式拱顶，每根纤细的壁柱向上吐出一个半圆锥形的拱面，撑起了装饰繁复的屋，又称为“扇拱”。“垂直式”哥特建筑最具英国特色，几乎没有被欧洲大陆其他国家模仿过，可说是英国的一种独特的民族风格。

（1）早期哥特风格（约 1154～1275 年）

1）平面为拉丁十字，中厅的两端为方形，顶部的尖塔只设一个，且放置在中厅的交界处（图 5-7）;

2）四肋拱顶、尖顶细塔、尖券窗、细束柱。尖顶型的应用非常普遍，不仅应用于那些中央有拱廊的拱形建筑中，还应用于门和尖顶窗（图 5-8～图 5-10）。

（2）装饰哥特风格（约 1275～ 1380 年）

1）教堂平面以拉丁十字形为主，平面空间丰富（图 5-11）;

2）教堂顶部增加了一些较为复杂的装饰元素，如曲线型、网状型等图形，其中最为突出的就是曲线的使用（图 5-12）;

3）窗户比早期英国哥特建筑的窗户更宽大，且上面有华丽的自然花卉装饰（图 5-13）;

4）飞拱的发明和拱顶结构技术的改进使窗户能开的更大，窗户间墙更加狭窄，彩窗玻璃更加绚丽（图 5-14）。

（3）垂直式哥特风格（约 1380 ~ 1520 年）

1）教堂平面呈现简单的矩形（图 5-15）；

2）以窗饰和强烈的竖向线条为主要特点，建筑构件上采用了大量的垂直线条，柱墩与拱券连成了一体；

3）拱顶是精心制作的扇形，柱子与顶棚连为一个整体，形成扇拱（图 5-16）；

4）飞扶壁具有向上的、挺拔的特征；

5）窗户变得无比巨大而窗墙则减到最小，塔楼装饰富丽，尖顶高耸；

6）窗户的分割采用小而数量多的长方形大小直梃（图 5-17）；

7）哥特式教堂中使用侧推力较小的二圆心尖券和尖拱，减轻结构的重量；

8）高大的玻璃窗使用了独立的飞券结构，把券脚落在侧廊之外的横向墙垛之上。侧廊因不必再承担中厅拱的侧推力而使得中厅的侧高窗得以开大，而外墙上也因此有可能大面开窗（图 5-18）。

5.2.4 学院

在 12 世纪之前，英国是没有大学的，人们都是去法国和其他欧陆国家求学。

1167 年，当时的英格兰国王同法兰西国王发生争吵，法王把英国学者从巴黎大学赶回英国。这些学者从巴黎回国，聚集于牛津，在天主教本笃会的协助下，从事经院哲学的教学与研究。于是人们开始把牛津作为一个“总学”，这就是牛津大学

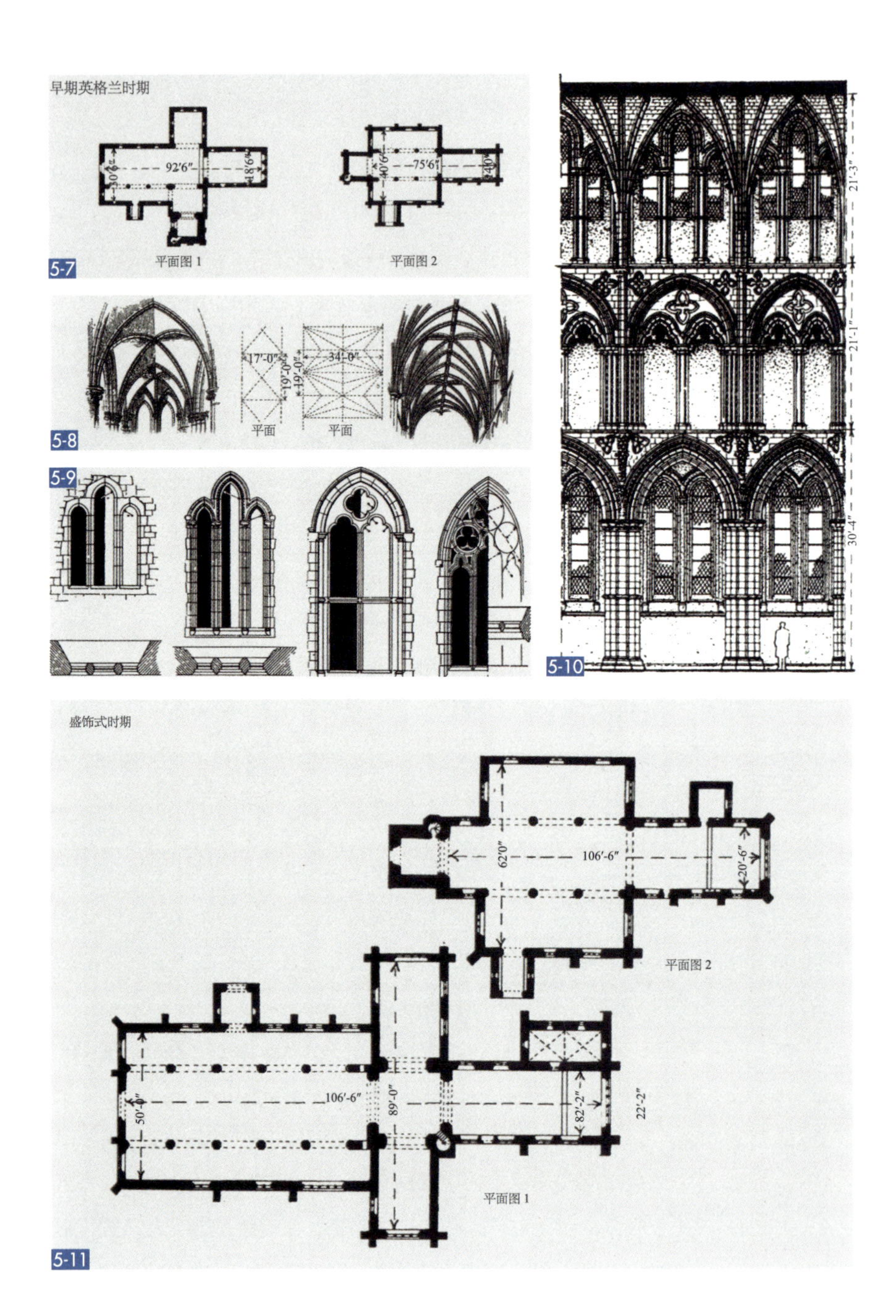
早期英格兰时期
92'6"
30'0"
18'6"
平面图 1
40'6"
75'6"
40'
平面图 2
5-7
17'-0"
19'-0"
19'-0"
34'-0"
平面
平面
5-8
5-9
21'-3"
21'-1"
30'-4"
5-10
盛饰式时期
62'0"
106'-6"
20'-6"
平面图 2
106'-6"
50'-0"
89'-0"
82'-2"
22'-2"
平面图 1
5-11

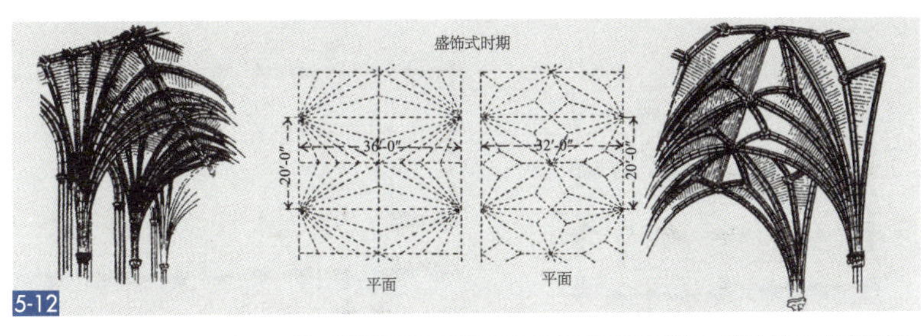

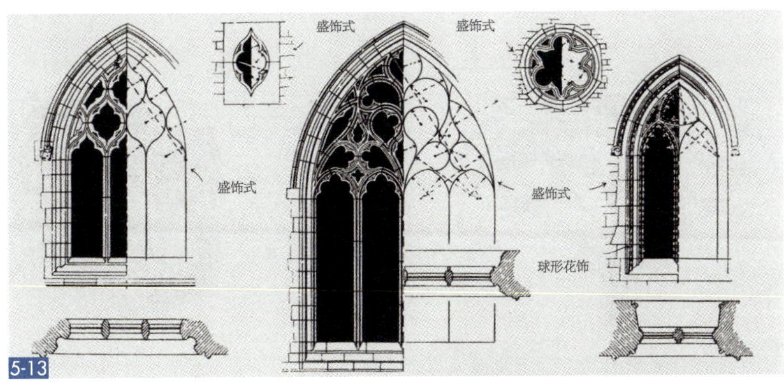

图5-7　拉丁十字平面形式
图5-8　四肋拱顶
图5-9　尖券窗
图5-10　建筑跨间外观
图5-11　拉丁十字平面

图5-12　顶部曲线的装饰元素
图5-13　宽大而有装饰的窗户
图5-14　建筑跨间外观

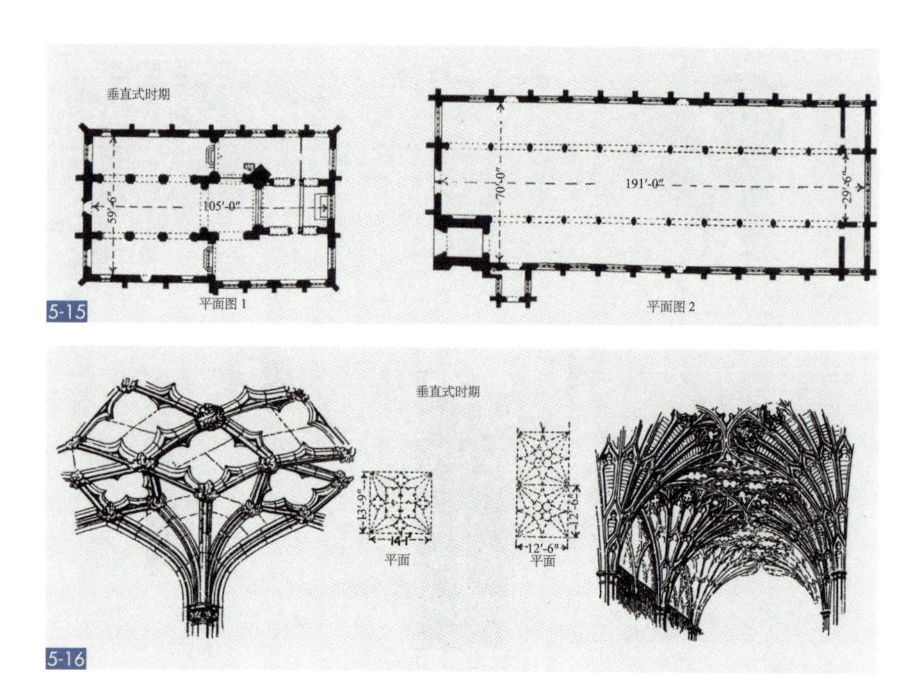

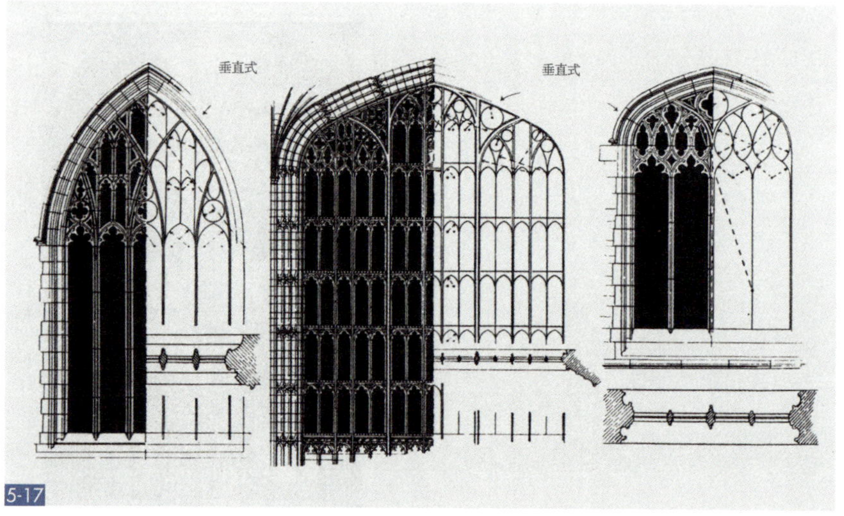

图5-15　矩形平面教堂

图5-16　扇形拱顶

图5-17　数量较多的直棂

(Oxford University)的前身，12 世纪末，牛津被称为“师生大学”(图5-19)。1201 年，它有了第一位校长。

图5-18　建筑跨间外观

1209 年，在牛津学生与镇民的冲突事件过后，一些牛津的学者迁离至东北方的由方济会、本笃会和圣衣会修士建立的剑桥镇，并成立剑桥大学(Cambridge University，　图 5-20)。自此之后，两间大学彼此之间展开悠久的竞争岁月。

5.2.5　法庭

早在诺曼王朝时代，便已有一王室机构向君主提供各种建议和意见，该机构主要由权贵、教士和重要官员所组成，机构原本分别就立法、行政和司法事务向君主提供意见，但到了后来，不少机构拥有相类似的权力。

星室法院(Court of the Star Chamber)是 15~17 世纪英国法院的名字，据估计是与屋顶上的星星图案有关(图 5-21、图 5-22)。

法院的起源和早期历史有些模糊。御前会议的 12 世纪，综合了协商和行政职能。到了 13 世纪，国王的议会变成了一个正规的常设机构，与议会几乎完全不同，最高管辖权由国王继续行使。

到了都铎时期，星室成为王室暴政的巨大引擎。1641 年 7 月的议会法案才废除了它的最高管辖权。

图5-19　牛津大学
图5-20　剑桥大学

图5-21　星室法院大厅
图5-22　星室法院外观

5.2.6 旅馆

一种是在教堂内部分隔出一定空间以供旅客休息，另一种是专门修建的房间数量不多的小旅馆，可见当时人们的活动范围随着商业的发展而扩大带来的需求。

5.2.7 商社

伦敦的商社于 1411 年由各商家建造，是当时非常重要的建筑，后大部分于火灾时烧毁。

5.2.8 市场

在各都市中均有市场设立，以方便农民售卖物品。到中世纪后期，在英格兰和威尔士乡间分布着 1000 多个市场和集市，伦敦成为国际贸易的中心。

5.2.9 石质桥梁

中世纪前英国还没有跨度较大的桥梁，普通的木质桥梁只能联系小水面的两岸，而且常常损坏。碰到较大水面，路就只能到水边截止。

中世纪由于交通的要求，开始修建石质永久性桥梁联系宽阔水面的两岸道路。最著名的是老伦敦桥（Old London Bridge，图 5-23）。这座雄伟的大桥建在河的 19 个桥墩上，20 个拱门没有两个是相同的。桥花了 33 年时间建造，这座桥于 1209 竣工，后使用超过 600 年。桥梁建成后商人开始在桥上建造房屋和商店，租金可为桥梁提供维修资金。

5.2.10　木质屋顶

英国中世纪中、晚期教堂开始出现各式露明木质屋顶，木质屋顶式样众多，为英国建筑室内的一大特色。这种木制屋顶除了后英殖民国家外，在其他国家从没有出现过（图 5-24～图 5-28）。

5.2.11　城市形态

在 1100～1300 年间，出现了大概 140 个新的城镇，如朴次茅斯、利物浦、利兹、索尔兹伯里等。新的城镇和村庄与原来的布局一样，以大教堂和广场为中心发展。但由于河流和大船的通行，新的城镇得到迅速发展，人口和经济在短时间和周边的城镇或乡村形成了更大范围的经济活动网络。

5.3　建筑实例

5.3.1　伊格特姆 · 莫特

伊格特姆 · 莫特位于英国东南部的肯特郡，最初建于 1340 年左右，虽几易其主，但是对于房屋的主要结构没有太多影响，建筑保存了大部分原有特点。在 16 世纪形成四周围合式的庭院，被称为“最完整的中世纪小庄园”（图 5-29）。

建筑有 70 多个房间，全部布置在一个中心庭院周围。房子四周是方形的护城河，有三座桥。院子完全封闭，护城河和城垛塔楼为 15 世纪建造的（图 5-30）。

5.3.2　博马里斯

博马里斯城堡是爱德华一世在威尔士北部建造的最后一座城

图5-23　老伦敦桥

图5-24　木质屋顶（一）

图5-25　木质屋顶（二）

图5-26　木质屋顶（三）
图5-27　木质屋顶（四）
图5-28　木质屋顶（五）

图5-29 伊格特姆·莫特庄园
图5-30 庄园四周有护城河
图5-31 博马里斯双城墙结构

堡，也是最大的一座，由杰出的军事建筑家圣乔治·詹姆斯在1295年开始修建。在城堡还没有建到设计高度之前，资金告罄，所以建成的城堡没有变成一座具有威慑力量的要塞，然而依然非常漂亮迷人。城堡四道堡垒的防护和同心的“城墙套城墙”结构让这里成为英国建造工艺上最完美的一座城堡，被列为世界文化遗产（图5-31）。

城堡中心是一个较高的圆形防御工事，外面环绕一周较低的城墙。城堡的第一道防线是一条盛满水的护城壕沟，通过壕沟是一条低矮的外部警戒室组成的围墙，四周分布着16座塔楼和两座城门，塔楼和城墙上是外部工事和数百个巧妙设置的箭孔、炮眼（图5-32）。城门紧邻大海，装有粗壮坚实的木门，门上分布着射击孔，即使进了城门，攻击者在到达城堡心脏地带之前，还要面对纵深处在外门与内广场之间连续的阻隔层（图3-33、图3-34）。

5.3.3 康威城堡

康威城堡，位于威尔士北部海岸，修建于1283～1289年间，即爱德华一世在北威尔士第二次战役期间。

康威城堡在一定程度上来说是该地区被英格兰所侵占的象征。13世纪末，由爱德华一世率领的英格兰军队入侵这里，在成功占领该地区后，便在康威具有重要军事地理位置的地方修建了这座城堡。

始建于1283年的城堡，是康威最受瞩目的焦点。这座以土敦为基地的庭院式城堡，外墙配置八座筒形塔楼来加强防御力（图5-35、图5-36），墙体和塔楼均布满射击孔以保证安全（图5-37）。

它的外庭院（Outer Ward）配置着大厅、礼拜堂、厨

图5-32　外围塔楼
图5-33　城堡入口
图5-34　内部通道

房、马厩、水井等，内庭院（Inner Ward）是皇室成员生活起居的活动区域，不但功能完整，也是中世纪城堡中的杰作（图 5-38）。

5.3.4 温莎古堡

温莎古堡位于英国英格兰东南部伯克郡温莎 - 梅登黑德皇家自治市镇温莎，目前是英国王室温莎王朝的家族城堡，也是现今世界上有人居住的城堡中最大的一个（图 5-39）。

温莎古堡占地 7 公顷，所有建筑都用石头砌成，共有近千

图5-35 哨塔
图5-36 筒形塔楼
图5-37 布满射击孔的城堡墙面
图5-38 城堡内部

个房间，四周是绿色的草坪和茂密的森林。古堡分为东西两大部分。东面的“上区庭院”为王室私宅，包括国王和女王的餐厅、画室、舞厅、觐见厅、客厅、滑铁卢厅等。西面的“下区庭院”是指从泰晤士河登岸进入温莎堡的入口处，有座著名的教堂——圣乔治教堂在西区中部（图 5-40），始建于 1475 年，是一座当时盛行的垂直式哥特建筑，其建筑艺术成就在英国仅次于伦敦市区的威斯敏斯特教堂。

温莎城堡保存下来中最早的建筑可以追溯到亨利二世时期，温莎城堡中央的不规则山丘上建造的石碉堡进一步加强了温莎城堡的防卫能力。

从 1350 年开始，亨利二世时建造的碉堡被现存的碉堡所取代，直到 19 世纪时碉堡才被加高到现在的高度（图 5-41）。城堡的设计随着时间、皇室的喜好与需求、财政状况的改变而发展，经过历代君王的不断扩建，到 19 世纪上半叶，温莎古堡已成为拥有众多精美建筑的庞大的古堡建筑群（图 5-42）。虽然城堡的风格混合了古典与现代的元素，有诺曼、都铎和维多利亚时期的痕迹，但是更多的还是中世纪的风格。

5.3.5 索尔兹伯里大教堂（Salisbury Cathedral）——早期哥特式建筑

索尔兹伯里大教堂始建于 1220 年，围绕着它才诞生了索尔兹伯里。大教堂用银灰色的条石砌成，庄严而美丽。这座大教堂的主体工程只用了 38 年，因而整个教堂的建筑风格完全一致，为早期哥特式。其塔尖高 123 米，为英国塔高之冠，而且可以盘旋而上，眺望四周风光（图 5-43）。

教堂的中廊拱廊以强调楼层为手法的水平划分为重点，使得中廊内的空间更具水平延伸性。建筑的“飞券 + 扶壁”结构系

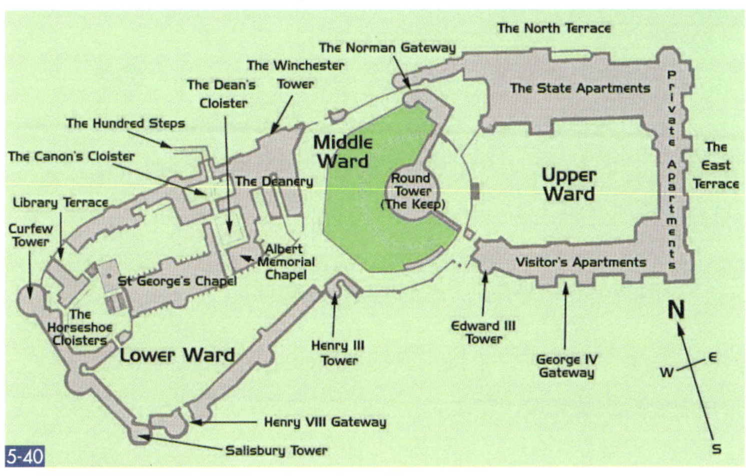

图5-39　温莎城堡

图5-40　温莎城堡平面图

图5-41　圆塔碉堡

图5-42　上区庭院

统不发达，而是采用通过侧廊拱顶吸收侧推力的方法，构件纤细的纵长尖顶窗是立面上的主要构图元素，多枝肋拱从柱垛上生出的手法已经开始出现，预示着日后扇拱的发展（图 5-44）。除中央高塔以外，索尔兹伯里大教堂是当时少有的“一气呵成”的新建教堂，现存的建筑如实地反映了建造时的原貌，具有很高的研究价值。

5.3.6 韦尔斯大教堂（Wells Cathedral）——早期哥特式建筑

韦尔斯大教堂位于英格兰索美塞特郡韦尔斯，建于 1175～1490 年期间，韦尔斯大教堂是早期的英式风格，主要部分完成于 1239 年。因其美丽的外观而被评为英格兰最美丽和最具诗意的教堂之一（图 5-45、图 5-46）。

5.3.7 埃克塞特大教堂（Exeter Cathedral）

埃克塞特大教堂位于埃克塞特教区，始建于 932 年，早期的教堂后来被烧毁。现在的教堂建于 1112 年，之后经过多次改建，最后在 1275～1350 年的改建后，确定了现在的外观（图 5-47）。

埃克塞特大教堂拥有世界上最长的不间断的哥特式顶棚。教堂的肋架像张开的树枝一般，非常有力，还采用由许多圆柱组成的束柱（图 5-48）。埃克塞特大教堂是英格兰最美丽的中世纪装饰性哥特式建筑。

5.3.8 伊利主教堂（Ely Chapel）——盛饰式哥特建筑

伊利大教堂是诺曼人征服者威廉于 1066 年占领英格兰以后建造的。在诺曼人侵占英格兰以后，诺曼人开始建造这座大教

图5-43　索尔兹伯里大教堂

图5-44　水平分层的室内空间

图5-45　富有韵律感的韦尔斯大教堂
图5-46　大教堂内部中庭
图5-47　埃克塞特大教堂
图5-48　教堂内部树枝般的拱肋和束柱

堂，后来几经坎坷，最终形成了现在的规模（图 5-49）。

教堂的东翼是 12~13 世纪建成的典型英国哥特式建筑，飞扶壁和高大竖直的彩色玻璃花窗为中世纪“盛饰式”风格的典型代表（图 5-50）。内部树枝肋拱顶布满了星形图样，四壁环绕着起伏的小拱廊（图 5-51）。

图5-49　教堂全景
图5-50　高大垂直的彩色玻璃花窗
图5-51　顶部树枝肋拱顶

5.3.9 剑桥大学国王学院礼拜堂（King's College Chapel）——垂直式哥特建筑

英国剑桥大学国王学院礼拜堂是亨利六世在 1446 年下令建造的，耗时 80 年完成，是剑桥古建筑的典型代表，也是中世纪晚期英国建筑的重要典范（图 5-52）。

礼拜堂的平面极其简单，为典型英国垂直式哥特建筑的矩形平面（图 5-53）。外部没有十字形的耳堂和侧廊，内部中厅，唱诗厅与圣坛之间也没有明显的空间区别。礼拜堂的扇形拱顶以 22 座扶壁支撑，四面墙壁的每一面上约有 2/3 的区域安装有彩色玻璃，几乎填满了扶壁间的所有空间（图 5-54）。国王礼拜堂淋漓尽致地体现了垂直式建筑高耸峻峭的风格特征：把直线和水平线加以综合利用，具有简朴清晰的线条感和宽大明亮的内空间。

5.3.10 格洛斯特主教堂（Gloucester Cathedral）——垂直式哥特建筑

格洛斯特主教堂（Gloucester Cathedral）是英国"垂直风格"教堂的代表作品，始建于 1337 年。教堂以高大的方塔作为建筑核心（图 5-55）。格洛斯特大教堂内，东面的窗户极大，用许多直棂贯通分割，教堂外立面体现出 14 世纪的垂直陡峭建筑风格，其高大优雅的线条高耸向上直指天空（图 5-56）。

格洛斯特主教堂摆脱了欧洲中世纪以尖顶拱门、玫瑰花窗为主要特色的哥特式风格，拱顶为极具装饰性的扇拱，肋架如同大树张开的树枝四散开来，非常有力，极为精美华丽（图 5-57）。

垂直哥特风格一直流行到 17 世纪，以后在 19 世纪浪漫主义潮流中又以"新哥特式"的面貌得以复兴。

5-52

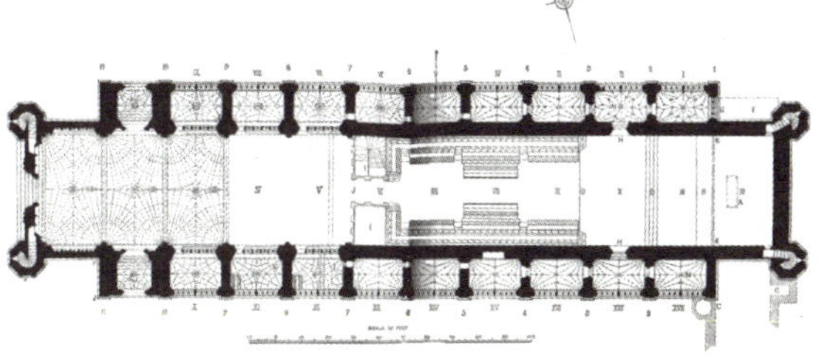

A. Probable site of the original High Altar.
BB. Probable ancient arrangement of the steps.
CC. Commencement of the foundations of the eastern side of the intended quadrangle.
D. Step called Gradus Chori.
EE. Position of the Reredos of 1633.
F. Clock House.
G. Door leading to the Provost's Lodge, now replaced by a window.

HH. Doors leading to the Vestries.
II. Roodloft.
J. Quire door.
K. Chantry of Provost Hacomblen.
L. Chantry of Provost Brassie.
M. Chantry of Provost Argentein.
N. Chantry of Doctor Towne.

5-53 *To face p. 484, 485.*

5-54

图5-52　英国剑桥大学国王学院礼拜堂

图5-53　教堂平面图

图5-54　教堂内部扇形拱顶

图5-55　格洛斯特主教堂

图5-56　垂直哥特的窗和装饰线条直指天空

图5-57　精美的树形扇拱

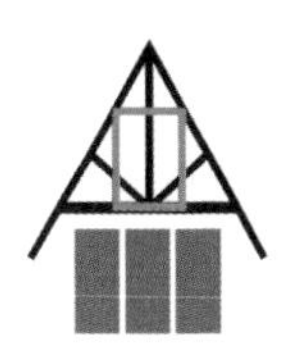

6　都铎时期的建筑（1485 ~ 1603 年）

THE ARCHITECTURE OF TUDOR PERIOD

6.1 概述

都铎王朝是在亨利七世1485年入主英格兰、威尔士和爱尔兰后所开创的一个王朝，统治英格兰王国及其属土周围地区。王朝疆域最鼎盛时包含英格兰和爱尔兰、威尔士，在法国有众多诸侯领地，此时期在北美洲还有殖民地。

英国都铎王朝时期被称为英国历史上君主专制制度发展的黄金时期，同时又被称为现代宪政体制的发源时期。宗教改革巩固并强大了王权，而强大的王权又保证了强大的民主国家的形成。

都铎王朝虽然历时不长，但却处于英国从封建社会向资本主义社会转型这样一个关键时代，这个时期实行的重商主义政策，对英国社会的各个方面都产生了极大的影响。

都铎王朝的历代君主在实行重商主义政策的同时，扶持并鼓励发展制造业换取货币，大力发展海外商业，鼓励发展造船业，刺激了英国造船业的发展，确立了英国的海上霸权，为英国从事海外贸易和殖民掠夺提供了强有力的保障。

在纺织业、造船业等行业的带动下，各种金属制造、制革、制皂、染料等行业也以前所未有的速度向前发展，国内市场急剧扩大，同时海外贸易、殖民掠杀、走私等活动积累的财富一部分也转入工业，加强了工业资本。

从15世纪的最后30年开始，英国发生了圈地运动，这是英国农村土地所有权的重大变革。随之而来的还有经营方式和耕作方法的变革，这就是英国农业资本主义革命的主要内容，这与都铎王朝的重商主义政策密切相关。

重商主义政策刺激了毛纺织业的突飞猛进，市场对羊毛的需求量的激增导致羊毛价格不断上扬，养羊业成为一本万利的事情。贵族和乡绅为了追求高额利润，掀起了全国性的圈地养羊运动。许多被农民世代耕种的土地被圈了起来，许多在封建掩护下的古老的公有地“敞地”被围了起来，变成了雇工放牧的草场。

重商主义政策还加速了修道院土地所有制的崩溃，都铎王朝的第二代君主亨利八世曾先后颁布了两道查封寺院的法令，封闭解散一切修道院，其全部财产包括土地在内均收归国有。这些被没收来的土地除一部分赏赐给宠臣以外，绝大部分被卖给了新贵族和资产阶级。修道院土地所有制的废除，是英国农业资本主义革命具有决定意义的一环。这个时期修建大型宗教建筑的活动停止了，贵族们开始在全国范围内建造舒适的府邸。

重商主义政策也瓦解了封建贵族的领地所有制，导致了土地所有权的再分配，贵族庄园的数量不断减少，封建贵族领地所有制的急剧没落。那些获得土地的新贵族、资产阶级和自耕农，采用新的经营方式，生产新的原料作物，满足新的市场需求。他们与工商业资产阶级一道，推动着封建制度下的英国向资本主义制度过渡。

都铎王朝统治者认为：货币是衡量国家富裕程度的标准，而对外贸易是国民财富的源泉。因此他们把目光从狭小的海岛移往遥远的海外，把本国经济纳入世界经济范畴，以海外市场作导向，建立起外向型经济模式，积极推动本国经济走向世界。正是在这样的思维方式下，这个时期的英国开始了对外扩张和殖民。

向西，它开拓了美洲市场，在纽芬兰岛建立了具有很高经济价值的渔业区，在弗吉尼亚建立垦殖区，在北美建立了第一个永久性的殖民地弗吉尼亚。然后，英国不断扩大殖民地的范围，逐步侵占北美辽阔的土地，把这里发展为英国的工业原料基地和商品销售市场。

向北，英国与俄罗斯建立商业贸易联系，并以此为基地开辟中亚市场，建立了“莫斯科公司”、“东方公司”。

向南，英国与北非、西非国家发展商业往来，成立了“摩洛哥公司”、“几内亚公司”。

向东，英国恢复了与地中海地区的贸易往来，打通了与印度等东方国家的贸易。1600 年，伦敦商人在伊丽莎白女王的支持下成立了著名的“东印度公司”，享有对好望角以东的国家特别是印度进行贸易的垄断权。

到 17 世纪，英国商人的足迹几乎遍及世界各地，空前地突破了封建农本经济的闭塞状态，将英国经济纳入了世界经济运行的轨道。来自海外的金银财富源源不断地流入英国，变成资本，极大地推动了英国经济飞速发展，使英国经济迅速壮大，成为世界首富。

海外的扩张和发展促进了英国近代思想文化、英语语言、文学艺术、科学技术的迅速发展，著名文学家威廉·莎士比亚便出现在这个时期。这个时期英国还进行了轰轰烈烈的宗教改革运动，反对罗马教会对英国教会的控制，反对教会占有土地，要求用民族语言举行宗教仪式，简化形式，要求清除英国教会中的天主教教义和教规仪式。自亨利八世到伊丽莎白一世的数十年间，英国王室的宗教政策虽有起伏变化，但是民族利益至上是其基本原则。

都铎王朝统治时期的城市经济推动了资本主义在英国的发展，加速了封建制度在工商业中的瓦解，为工业化时代的到来做好了准备，使英国在社会转型的过程中，走在了世界最前列。都铎王朝时期被称为英国历史上君主专制制度发展的黄金时期，都铎王朝的最后一任统治者——伊丽莎白一世也是英国历史上最伟大的君主之一。

6.2　主要建筑类型及特点

6.2.1　居住建筑

1. 普通住宅

这一时期，出现最为典型的半木结构（half timber 或叫露木结构）的房屋，这种房屋模仿中世纪的茅草屋或乡间别墅是都铎风格最显著的特征。

1）建筑由木框架和梁组成，木制框架之间用小木棍和湿黏土填充，板条相互交织在柱子之间墙壁中，再用黏土、砂子和粪便的混合物，抹进板条之间形成墙体，也称为涂抹篱笆墙（图 6-1、图 6-2）；

2）房子大多采用双坡顶的“黑白线相间”的效果，常用木材和抹灰，木材外涂上焦油或柏油，外面用石灰刷白（图 6-3）；

3）玻璃被首次应用到家庭中。玻璃格非常小，常用十字交叉或是格子的形状连接在一起，窗子下面还会用雕刻的木马或花饰支撑（图 6-4）。

很多中世纪小镇都保留着这样的经典民居，如拉伊（Rye）和莎翁小镇（Stratford -upon-Avon）

2. 庄园及官邸

庄园住宅虽然在 13 世纪形成了基本形式，但到 14 世纪以后，住宅的平面开始分化得更为复杂。都铎时期富商竞相建造华丽宅邸，式样丰富。由于庄园不同于中世纪重视防御的城堡，而是更加重视居住性，因此房间的布局更加自由，平面形式从单纯的矩形演变成 L 形、E 字形、H 形或口字形等，但仍然保留以轴线贯穿上下的传统。都铎式庄园、府邸和宫殿建筑体形复杂，尚存有雉堞和塔楼，这些属于哥特风格，但构图中间突出，两旁对称已体现出了文艺复兴的风格。

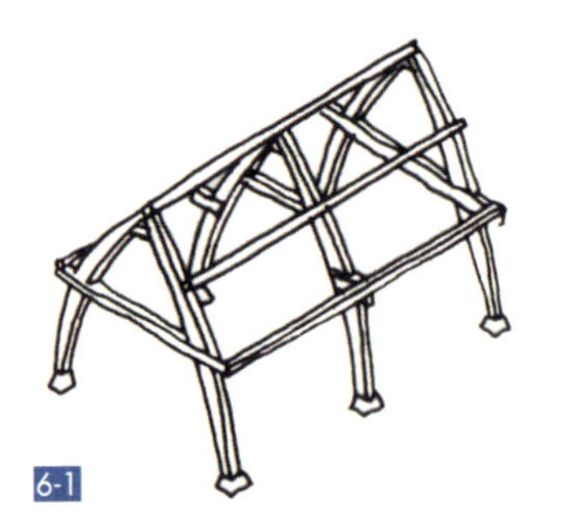

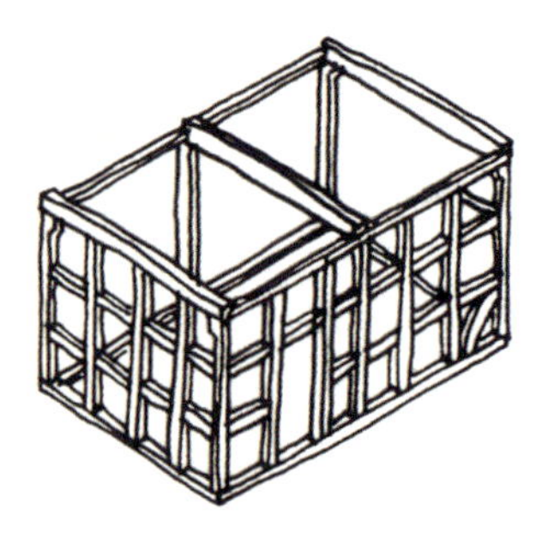

图6-1　木质框架结构

图6-2　木框架篱笆墙

图6-3　富有装饰效果的黑白相间墙面

图6-4　十字交叉的格子玻璃窗

庄园及府邸房间数量多，功能更加复杂多样，很多府邸增加了陈列室、舞会空间、宾客接待空间、洗衣房、书房、蒸馏房等。

1）建筑均有构图严谨的平面和立面，外形追求对称，即使平面不完全对称，立面仍然是对称的（图 6-5、图 6-6）；

2）柱式逐渐取得控制地位，水平分化加强，外形变得简洁；

3）设有塔楼、雉堞、烟囱，造型多凹凸起伏（图 6-7）；

4）结构、门、壁炉、装饰等常用平的四圆心券，窗口则大多是方的；

5）室内爱用深色木材做护墙板，板上做浅浮雕（图 6-8）；

6）顶棚则用浅色抹灰，做曲线和直线结合的格子，格子中心垂一个钟乳状的装饰。一些重要的大厅用华丽的木质锤式屋架（Hammer beam）（图 6-9）。

6.2.2 防御设施

这个时期不再修建用于防御性的城堡建筑，社会的变化、经济的发展以及和平的征兆使得城堡原来的要塞化和防御性功能弱化和消失，城堡的居住性逐渐提高，逐渐转变成为拥有更多房间数量的皇宫或是府邸。原来的城堡已不再具备战斗功能，常常被改造成为散发着优雅气息的宫殿。中世纪以前城堡高耸的塔和墙仅仅是美和权利的象征，已经不再有任何防御功能。

6.2.3 剧院

人口及社会需求的增长，刺激了经济发展，这也使得英国人尤其是伦敦人的生活方式发生变化。人们有更多的时间欣赏文学和艺术，剧院这种建筑形式便应运而生，很多文学作品被搬到舞台上，演员可以直接和观众面对面进行交流。

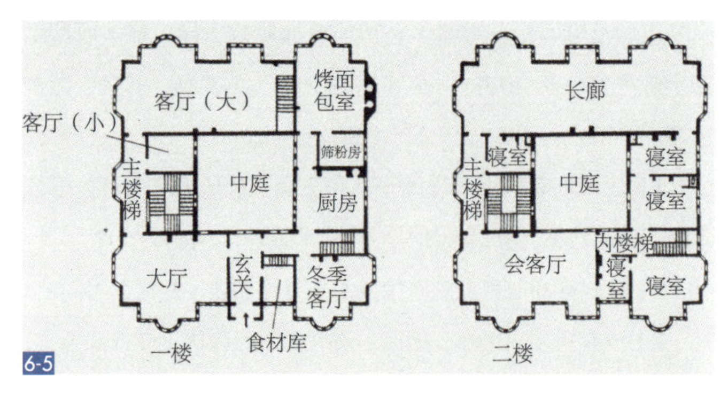

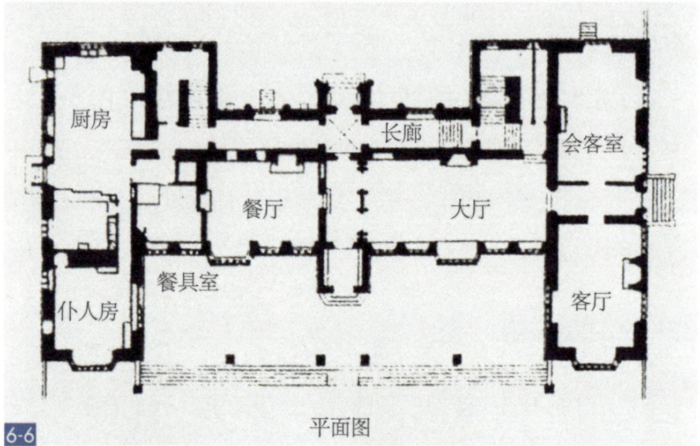

图6-5　构图严谨的府邸平面

图6-6　平面强调轴线

图6-7　造型多变的雉堞和烟囱

图6-8　浅色顶棚和深色护墙板

图6-9　木质锤式屋架

6.2.4 体育及竞技场

生活的丰富性不仅限于文学和艺术，同时体现在体育和竞技方面。赛马是英国最早最传统的体育竞技项目。在16世纪，英国创办了世界第一家赛马场，并培育出赛跑速度为世界之冠的英国纯血马种。不久之后，又有8座城市同步建立起赛马场。不论在时间还是规模上，此时的日不落帝国已经领先于全世界。在17世纪初叶，英格兰有了10座马场，苏格兰有6座马场，赛马真正成了“国王的运动”。

6.2.5 商品交易场所

16世纪初，来自欧洲各地的商贾富豪通过伦敦金融城的商店、住家、酒家、客栈甚至大街交易他们的货物，其中包括陶器和其他材质的器皿，商人的信誉若较好的话可以在这里得到尊重并很容易申请到贷款。为此，伦敦金融城建立了一个专门的交易中心——这就是皇家交易所建立的背景。

6.2.6 厂房

由于商业的繁荣，各种铁业工厂、纺织厂、酿酒厂和面包厂等在以伦敦为中心的大城市得到发展。

6.2.7 港口及码头的扩张

海外扩张、战争和贸易的需要使得港口和码头得到发展，如南安普顿港、伦敦港和朴次茅斯港。南安普顿和伦敦港以货物贸易为主，而朴次茅斯则为军事港口。

朴次茅斯港（Portsmouth）位于英国英格兰东南部汉普郡，南临索伦特海峡，对岸是怀特岛，东、西、北被汉普郡包围，近几个世纪以来，一直以其英国皇家海军港口的地位而著名（图 6-10）。

6.2.8　海外殖民建筑

由于都铎时期在海外的迅速扩张，英国发展了各种海外贸易公司，这个时期最具代表性的就是东印度公司（图 6-11）。

图6-10　朴次茅斯港口的灯塔
图6-11　车水马龙的东印度公司

1600年12月31日英格兰女王伊丽莎白一世授予不列颠东印度公司皇家特许状，允许它在印度自由贸易。这个特许状给予东印度贸易垄断权21年，随时间的变迁东印度公司从一个商业贸易企业变成印度的实际主宰者。

6.2.9 城市形态

都铎王朝时代，无论大城市还是小城镇，都在进行铺设道路、改进照明、清洁环境之类的建设。同时大大小小的城镇建起许多房屋，开始出现城郊的概念。市中心人口密集，不同社会阶层的人毗邻而局，形形色色的社会活动在教堂、市场与不同居住区之间进行着，城市功能划分不细。

6.3 建筑实例

6.3.1 朗格里特庄园（Longlet House）

朗格里特庄园是都铎时代庄园的较早案例，房子占地1000英亩（400公顷），周边有农田和林地（图6-12、图6-13）。庄园由罗伯特·史密森（Robert Smythson）设计，前后共花12年完成，被认为是英国时代建筑最杰出的范例。

6.3.2 哈德维克庄园（Hardwick Hall）

哈德维克庄园是罗伯特·史密森于1590年为什鲁斯伯里伯爵夫人设计建造的。因为这位伯爵夫人以及她后代的主要住所是附近的查茨沃思宅邸，所以400多年来这里一直保持了原来的面貌。

哈德维克庄园建筑平面呈矩形，局部突出，外观设计完全对称，长长的走廊贯穿了三层的整个东立面（图6-14）。

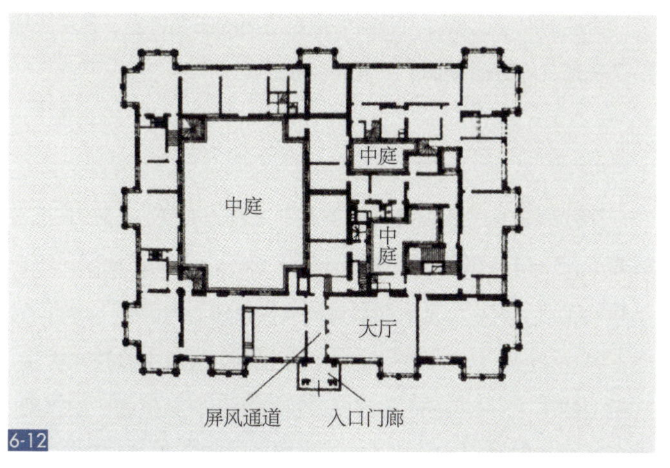

图6-12　布局严谨的庄园平面

图6-13　朗格里特庄园

图6-14　哈德维克庄园

窗户的面积比墙体大是哈德维克庄园的主要特点，使用大面积昂贵稀有的玻璃显示了主人的贵族地位。

6.3.3 汉普顿宫（Hampton Court Palace）

汉普顿宫有“英国的凡尔赛宫”之称，是英国都铎式王宫的典范。1514 年渥西主教（Cardinal Wolsey）购得此区，1515 年开始建造。王宫完全依照都铎式风格兴建，内部有 1280 间房间（图 6-17）。从 1515～1521 年的七年中沃西主教投入巨资，终于把这座 14 世纪的庄园改建成英格兰汉普顿最奢华的宫殿，成为当时全国最华丽的建筑之一（图 6-18）。汉普顿宫的大门是典型的都铎王朝式设计，不仅规则对称有气势，更有一种接近于纯朴率真的气质（图 6-19）。在宫苑的东南角，设计了三道连续的庭院空间，用以接待众多的客人，宫殿宽敞华丽的布局，使室内阳光充足，明亮恢宏（图 6-20）。

6.3.4 圣詹姆士宫（St. James's Palace）

圣詹姆斯宫（St. James's Palace）是由英王亨利八世在 1530 年委托兴建的，宫殿充满了都铎风格，四个庭院都由红砖铺成，主城楼位于建筑群的北侧，两旁的多边形炮塔上方是装饰性的城垛，所有窗户都采用了上下滑动设计（图 6-21）。

伦敦大火之后，设计师保留了少量典型的内部结构部件和室内装潢，现存的面貌主要是在 19 世纪改建而成。

6.3.5 莎士比亚环球剧院（Shakespeare's Globe Theater）

莎士比亚环球剧院始建于 1599 年，是当时伦敦仅有的剧院。1613 年，在演出《亨利八世》一剧时，剧场的顶棚被一个作为

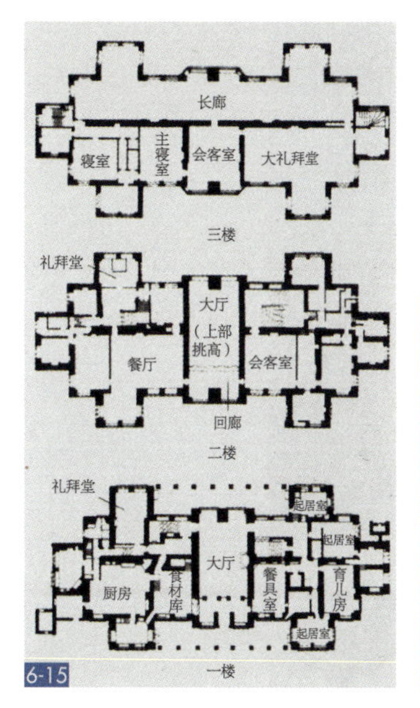

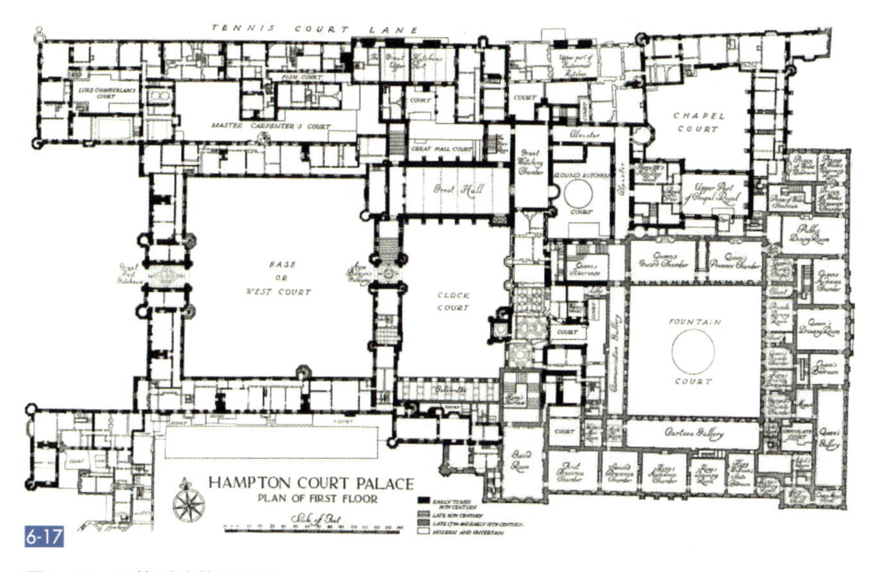

图6-15　严格对称的平面图
图6-16　立面的大面积玻璃
图6-17　汉普顿宫平面图

图6-18　华丽的宫殿
图6-19　对称而质朴的大门
图6-20　内部富有活力的庭院空间

舞台效果的炮弹引燃，整个剧场被烧毁，后经重建，1614 年春天落成。

现在的环球剧院，是由伦敦市政厅于上世纪初重修的，还原了当年老剧院的外形和结构（图 6-22）。剧院高 13.7 米，主要由环球剧场、环球教育、环球展览三个结构组成。通过多处舞台地板开口和活板门的设计，共有四层，创造出演出所需的空间层次感（图 6-23）。

建筑立面则延续了莎士比亚出生地民居建筑的风格，采用白色墙面和木制板条相间，是典型的都铎风格。

图6-21　圣詹姆斯宫主入口

图6-22　莎士比亚环球剧院
图6-23　剧院内景

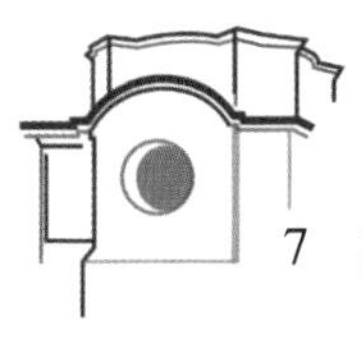

7　斯图亚特时期的建筑（1603～1714年）

THE ARCHITECTURE OF STUART PERIOD

7.1 概述

英国专制主义的发展过程大体可以分为两个阶段：第一阶段始于 15 世纪末，止于 16 世纪下半期，大体上相当于都铎王朝统治时期；第二阶段始于 16 世纪末，至 17 世纪革命的爆发，大体是斯图亚特王朝统治时期。这两个王朝都是属于封建的专制王朝，他们都千方百计采取措施加强封建专制。但是，客观上，两王朝采取的措施对英国资本主义的发展却起着不同的作用。

都铎王朝统治时期，正好处于英国资本主义经济发展的早期阶段，资产阶级正在形成和发展。都铎王朝为了加强专制统治，一方面削弱旧贵族的势力，发动宗教改革；另一方面，为了扩大英国的实力，鼓励工商业的发展以壮大国家的经济力量，鼓励航海业的发展，积极推行殖民扩张，争夺海上霸权。这些措施客观上为资本主义的发展提供了有利条件，加强了英国的实力，促进了英国资本主义经济的发展和资产阶级力量的壮大，因此，这一时期的王权同资本主义的发展是相适应的。

1603 年，詹姆士一世成为英国国王，斯图亚特王朝开始了对英国的统治。斯图亚特王朝统治时期，一方面资产阶级特别是新贵族的财富日益增加、经济力量日益强大，他们不甘心受专制政府的任意支配而开始进行斗争，以便为资本主义的进一步发展创造条件；另一方面专制王权毕竟是封建贵族专政的政权，君主是封建势力的最高代表和体现，当感到资产阶级日益壮大日益威胁封建统治，便开始镇压资产阶级和新贵族的反抗，这些都严重地阻碍了资本主义经济的发展。由于这两方面的矛盾，造成斯图亚特王朝在政治上的紧张局面，导致了资产阶级革命的爆发。斯图亚特王朝时期，封建专制已成为生产力发展的桎梏和社会进步的障碍。

宗教上，詹姆士一世和查理一世不断恢复天主教的教义和教会的礼仪，实行宗教专制，迫害“清教徒”。由于受残酷迫害，其中一部分教徒决定迁居北美，并与弗吉尼亚公司签订移民合同。1620 年 9 月 16 日，在牧师布莱斯特率领下乘“五月花号”前往北美。全船乘客 102 名，11 月 21 日，到达科德角（今马萨诸塞州普罗文斯敦），并于普利茅斯上岸。在登陆前，即 11 月 21 日由清教徒领袖在船舱内主持制定了一个共同遵守的《五月花号公约》，有 41 名自由的成年男子在上面签字，其内容为：组织公民团体，拟定公正的法律、法令、规章和条例。此公约奠定了新英格兰诸州自治政府的基础，对美国的影响贯穿了从签订之始到如今，它是美国建国的奠基，也是现在美国信仰自由、法律等的根本原因。1639 年后，殖民地代表大会变成了殖民地议会，非教会成员的自由人也可以被选入议会，美国的历史由此发端。

1688 年，英国资产阶级和新贵族发动的推翻詹姆士二世的统治、防止天主教复辟的非暴力政变。这场革命没有发生流血冲突，因此历史学家将其称之为“光荣革命”。1689 年英国议会通过了限制王权的《权利法案》，奠定了国王统而不治的宪政基础，国家权力由君主逐渐转移到议会。君主立宪制政体即起源于这次“光荣革命”。这次政变实质上是资产阶级新贵族和部分大土地所有者之间所达成的政治妥协，政变之后，英国逐渐建立起君主立宪制。“光荣革命”是英国资产阶级革命取得胜利的标志，从 17 世纪 40 年代到 80 年代，经历半个多世纪的努力至“光荣革命”止，英国资产阶级完全掌握了国家的权利。“光荣革命”意味着英国将建立资本主义的国家体制，在这种体制下资产阶级政府采取了一系列有利于工商业发展的措施，并积极开拓海外的殖民地。这一切再加上当时欧洲自然科学技术的发展与思想解放运动的发展，为工业革命的发生奠定了基础。英国在 1688 年“光荣革命”后建立起来的议会权力超过君主的君主立宪制度以及两党制度等，不仅对英国以后的历史发展，而且对欧美许多国家的政治都发生了重要影响。

1714 年，斯图亚特王朝结束时的英国已是欧洲列强之一，经济社会科学等蓬勃发展，皇家学会、英格兰银行都是斯图亚特王朝的遗产。斯图亚特王朝统治下，英国本土版图基本奠定，斯图亚特最后一位国王安妮女王通过 1707 年联合法案最终让英格兰和苏格兰成为一个统一的国家。

建筑艺术方面，由于 1700 年前后欧洲天主教地区的巴洛克运动已经达到了顶点，给予新教国家深刻的印象。斯图亚特王朝向法国天主教看齐，前后修复了 53 座天主教堂，建筑上也受到了欧洲巴洛克风格的影响，但由于英国都铎时期宗教改革以来一直信奉基督教而非天主教，使得英国民众更多地崇尚简朴、自然的风格，巴洛克的印记在英国的公共建筑上并不像欧洲其他国家那样强烈。

这个时期的公共建筑和府邸常常采用古典柱式和壁柱，以帕拉迪奥建筑为古典主义的范本，采用巴洛克风格装饰，建筑布局对称，突出轴线。

7.2 主要建筑类型及特点

7.2.1 居住建筑

17 世纪上半叶仍然以木结构房屋为主，但冬季供热时城镇火灾频繁。发生于 1666 年 9 月 2 日～5 日的伦敦大火，是英国伦敦历史上最严重的一次火灾，大火几乎烧毁整个城市。火灾之后英国逐步规定新建筑规范，重建后的伦敦市住房以石头房子代替了原有木屋。

1. 普通住宅

普通工人和农民阶级的住宅很朴实，通常2~3层(图7-1)。陡峭的侧三角形屋顶上的屋檐几乎无装饰，屋顶常有老虎窗，有木板大门和显眼的大烟囱(图7-2)，局部有一定古典柱式装饰。

图7-1 带有老虎窗和古典柱式的住宅

图7-2 建筑上明显的烟囱

2. 宫殿和府邸

这个时期富贵阶层热衷于宫殿和府邸的建造，由于受到巴洛克风格的影响，户内的装饰非常华丽，建筑仍然突出轴线以表达恢宏的气势。较有代表性的如勃仑南姆府邸（Blenheim Palace）。

7.2.2 宗教建筑

由于斯图亚特王倾向法国天主教，这个时期的宗教建筑又开始抬头，加上伦敦大火烧毁了原有的教堂，英国于此前后修复了很多天主教堂。最具代表性的如圣保罗大教堂（St. Paul Cathedral）。

7.2.3 其他公共建筑

这个时期延续文艺复兴的经济繁荣，科学技术和经济的发展使得公共建筑类型更加丰富完善，除了与都铎时期相同的公共建筑继续发展外，最具代表性的对后世影响深远的有皇家学会（Royal Society），机构负责吸收和支持科技人才就科学事务问题参与公众讨论（图 7-3），格林尼治天文台（Royal Greenwich Observatory，RGO）的成立也为英国的科技发展奠定了坚实的基础。

另外，这个时期还出现了最早的大型百货商店，著名的如 Fortnum & Mason，自 1707 年开始为皇室提供食品，是皇家御用的百货商店（图 7-4）。

7.2.4 城市形态

1666 年伦敦火灾后的重建也是我们今天所见的现代化金融之都的雏形。伦敦西区主要是商业和富人区，而东部以贫民和底

图7-3　英国皇家学会

图7-4　伦敦Fortnum & Mason

层劳动人民居多，这样的城市划分便是在那一次的重建工程之后慢慢形成的，除了区域的划分外，城市各功能区的划分也更加细致合理。

7.3 建筑实例

7.3.1 圣保罗大教堂

圣保罗大教堂是世界著名的宗教圣地，英国第一大教堂，位列世界五大教堂之列。圣保罗大教堂由英国著名设计大师和建筑师克里斯托弗·雷恩爵士（Sir Christopher Wren）在 17 世纪末完成，教堂是少数设计仅由一人完成，而非历经多位建筑师设计的教堂，从设计到完工整整花了 45 年的时间。

1666 年的伦敦火灾之后，建筑师雷恩接到任务重建伦敦圣保罗教堂。雷恩在保留原有古典建筑风格的基础上，运用了巴洛克的艺术手法，造型富于变化，内部装饰用重色彩绘，显得较为富丽堂皇（图 7-5）。教堂延续原来的拉丁十字式平面，讲求理性，对称布局（图 7-6）。入口处为双科林斯柱式组成的二层门廊，门廊上层有四对双柱，下层为六对（图 7-7）。南北有两个尖塔，塔上部的石造构件向上收缩成葱形的铅顶，西立面的门廊为双柱式，在内侧有壁柱。教堂的钟塔构图的主要是：第一，塔和教堂的横向体积组合在一起，垂直体形从地面到尖顶整个凸现出来，下部不被横向体积打断。垂直体形显著处于主导地位并统领整个构图，形象地表现了结构的合理性。第二，塔的每一层的构图都是完整的，有基座和檐口。第三，愈往上分划愈细，尺度愈小，装饰愈多，也愈玲珑，造成生机盎然的向上动势。圆顶的设计是圣保罗大教堂的重要特色，圆顶内、外比例适度，结构巧妙（图 7-8）。

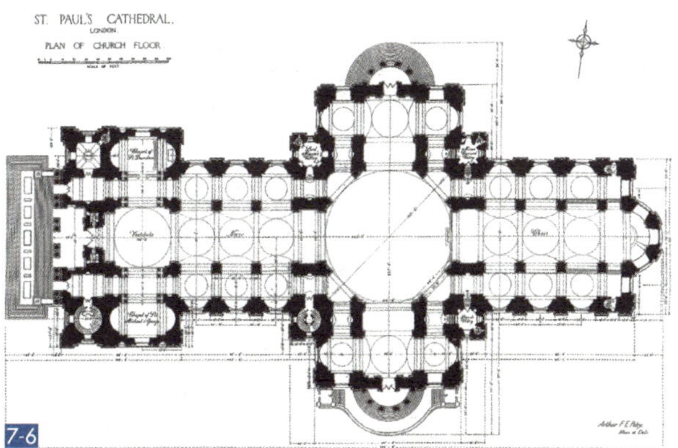

图7-5　富丽堂皇的教堂内饰

图7-6　拉丁十字形平面

图7-7　大教堂入口
图7-8　富有标志性的教堂圆顶

图7-9　大教堂全景

圣保罗主教堂的立面没有太多曲线，没有运动的意味，而是给人有力而稳定的感觉。成对的圆柱用来使立面显得雄伟而高贵，装饰中并无欧洲大陆巴洛克的奇特或异想天开之处，相比之下，英国的巴洛克式建筑风格显得节制而庄重（图 7-9）。

7.3.2　查茨沃斯庄园（Chatsworth House）

查茨沃斯庄园又称达西庄园，位于德比郡山谷中，它是德文郡公爵（the Duke of Devonshire）的乡村宅第，坐落在德文特河的东岸边上。1549 年开始建造，到 1680 年形成了现在的规模（图 7-10、图 7-11）。建筑建于连绵的绿地之中，北边和西边的地势比南边和东边的地势低。建筑内则收藏有众多珍贵的绘画、家具、雕塑、书籍和其他文物。彩绘大厅（Painted Hall）是查茨沃斯庄园的亮点，室内豪华的装饰风格是典型的巴洛克风格（图 7-12）。

图7-10　查茨沃斯庄园
图7-11　立面的巴洛克装饰细节

图7-12　华丽的彩绘大厅

在15～19世纪的400多年中，经过许多著名园艺师的精心设计和建造，查茨沃斯庄园成为英国最美最华丽的十大庄园之一。查茨沃斯庄园里的一草一木、山坡、流水都是精心设计的。庄园里是一望无际的山野、丘陵、草坪、树林，伴随着淙淙流水和分布在草坪树丛中懒散的羊群、小鹿。

7.3.3 勃仑南姆府邸

斯图亚特时期的府邸受帕拉迪奥的影响，一般形制是：正中为主楼，包括大厅、沙龙、卧室、书房、盥洗室、餐厅、休息厅、起居室等。主楼前是宽阔的三合院，两侧各有一个四合院，分别是厨房和其他杂用房屋及仆役们的住房和马厩。厅堂功能内容复杂，反映出当时从事海外拓殖的英国新旧贵族们生活领域的扩大和多样化。

勃仑南姆府邸是当时著名的建筑大师约翰·范布勒（Sir John Vanbrugh）于1705～1722年间完成的一项杰作，府邸的主人马尔伯勒公爵（the Duke of Marlborough，1650～1722年）是英国历史上最伟大的军事统帅之一，这里的园林布局和建筑风格都是为了体现马尔伯勒公爵建立的卓越功勋（图7-13）。约翰·范布勒所设计的布伦海姆府邸是英国巴洛克风格建筑中较有代表性的作品。

勃仑南姆府邸采用对称布局，左右全长261m，其中主楼长97.6m（图7-14）。整个建筑立面按照古典主义设计手法。底层设置底座，基座上有科林斯柱式的门廊，广场两侧设柱廊。入口为古希腊式的山形墙（图7-15），进入主楼是宽敞富丽的大厅，装饰着科林斯柱式、壁龛和雕像，门厅前有宽阔的三合院，突出中轴线。

建筑的装饰极具巴洛克风格，华丽的装饰和雕刻、强烈的色彩与巨柱式风格均形成壮丽而有力的形象（图7-16）。

图7-13　勃仑南姆府邸

图7-14　古典主义对称手法

图7-15　希腊式的山花与科林斯柱式门廊

7.3.4 牛津谢尔登剧院（Sheldonian Theatre）

牛津谢尔登剧院位于英国牛津宽街，建于1664~1668年，由克里斯多弗·雷恩为牛津大学设计（图7-17）。剧院被用来举办学院的典礼仪式和公共音乐会，主大厅的屋顶上是一副精美的17世纪绘画作品（图7-18）。屋顶的中心有一个突出的八边冲天塔楼（图7-19），可以通过楼梯通往穹顶，通过穹顶远望，景色十分壮美，建筑的外立面及入口装饰明显可见巴洛克风格的影响。

7.3.5 汉普顿宫增建（Hampton Court Palace）

兴建于都铎时期的汉普顿宫，经过两次较大规模的扩建，最后于1689年由克里斯多弗·雷恩负责整个项目（图7-20）。雷恩在东面增建环绕喷泉的中庭，整合原有都铎时期的建筑，与原有风格形成强烈对比，在设计中使用红砖和灰白色的装饰，形成具有巴洛克风格特色的完美构图（图7-21）。

7.3.6 格林尼治天文台

举世闻名的格林尼治天文台建于1675年。当时，英国的航海事业发展很快，为了解决在海上测定经度的需要，英国当局决定在伦敦东南郊距市中心20多千米、泰晤士河畔的皇家格林尼治花园中建立天文台（图7-22）。1835年以后，格林尼治天文台在杰出的天文学家埃里的领导下，得到扩充并更新了设备。他首创利用“子午环”测定格林尼治平太阳时。该台成为当时世界上测时手段较先进的天文台。

1884年，经过这个天文台的子午线被确定为全球的时间和经度计量的标准参考子午线，也称为零度经线。1997年，皇家

图7-16　巨柱式风格

图7-17　牛津谢尔登剧院

图7-18　主大厅屋顶精美绘画
图7-19　巴洛克装饰细节
图7-20　扩建后的汉普顿宫

图7-21　红砖和灰白色的装饰墙面
图7-22　格林尼治天文台

天文台被联合国教科文组织列为世界文化遗产。

从建筑外观及造型可以看出天文台有着山墙曲折复杂的变化以及局部巴洛克风格的装饰（图 7-23）。

图7-23　山墙曲折复杂的变化

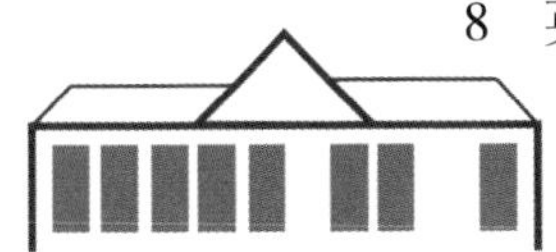

8　英国乔治亚时期的建筑（1714 ~ 1836 年）

THE ARCHITECTURE OF
BRITISH GEORGIA PERIOD

8.1 概述

由于最后三位斯图亚特君主均无子嗣成活至成年，但斯图亚特家族一位公主嫁到了德国汉诺威，她的汉诺威后裔因此拥有了英国王位继承权。1707年，英格兰和苏格兰议会合一，两国正式合并为大不列颠王国。而在1714年，斯图亚特王朝最后一位安妮女王驾崩，死后无嗣，根据《1701嗣位法》，汉诺威选帝侯乔治一世继承大不列颠和爱尔兰的王位，是为英王乔治一世。自此，斯图亚特王室男嗣对英国的统治正式终结，改由斯图亚特家族女儿后裔的汉诺威王朝统治。

由于语言不通，乔治一世对参加议会很反感，就指定大臣代表自己，后演变成首相职务。在他的继任者乔治二世、乔治三世、乔治四世和威廉四世期间，英国在1756~1763年的英法七年战争中获胜，此次胜利使英国成为海上霸主达100多年之久，逐渐成为欧洲第一强。七年战争中的重大消耗，使得英国在战后对北美殖民地的掠夺变本加厉。这激化了北美殖民地与宗主国之间的矛盾，以至于1775年爆发了美国独立战争，这使英国在北美的殖民事业遭到空前沉重的打击。但惠灵顿公爵1815年在滑铁卢击败拿破仑，使英国在世界的版图进一步扩大，之后英国进入全盛的“维多利亚时代”，成为一个更加强盛的日不落帝国。

乔治时期最重要事件是发生了影响深远的工业革命。1769年苏格兰发明家詹姆斯·瓦特研制成功的蒸汽机把英国推向了“世界工厂”的重要地位。蒸汽机的发明，是人类第一次工业革命的重要标志，使人类由二百万年来以人力为主的手工劳动时代进入了近代机器大生产的蒸汽时代，促进了英国各个工业部门机械化。蒸汽机开始应用在轻工业上。1784年英国建立了第一座蒸汽纺纱厂，以后又陆续运用到各个工业部门，在冶金工业上开动鼓风机，在采矿工业上开动排水机，在交通运输业上开动火车和汽船等等。英国工业革命使它的社会生产力得到飞速的发展，在短短的几十年内使英国由一个落后的农业国一跃而为世界上最先进的资本主义头号工业强国，称霸世界达半个世纪之久。英国在工业革命 80 年左右时间里，建立了强大的纺织工业、冶金工业、煤炭工业、机器工业和交通运输业。列宁指出："19 世纪中叶英国几乎完全垄断了世界市场"。

英国工业革命还改变了国内的经济和人口的分布，陆续出现了一些新兴的工业区和工业城市。工业革命前，英国经济最发达和人口最密集的地区是以伦敦为中心的东南部。工业革命开始以后，西北盛产煤铁的荒芜地区出现了很多新兴的工业中心和城市，如曼彻斯特、伯明翰、利物浦、格拉斯哥、斯卡斯尔等。大量公路、铁路的修建和人工运河的开凿，使得原来落后的地方得到很好的发展，经济中心由东南向西北转移。随着工业和城市的繁荣和发展，农村人口大量转入城市，城市人口猛增。19 世纪 40 年代，英国城市人口已占全国人口的四分之三。

乔治亚风格是指大约 1714 ~ 1836 年期间，流行在欧洲，特别是英国的一种建筑风格。由于完成了工业革命，建立了资本主义政权，进行了殖民扩张，这个时期的乔治亚建筑风格对当时世界的建筑风格形成较大影响。18 世纪上半叶，是欧洲新古典主义建筑发展的时期，盛行帕拉第奥风格，有着古罗马的柱子、壁柱、山花和线脚及到处可见的古典母题。18 世纪下半叶，英国发生了工业革命，在工业革命的推动下，工业资产阶级迅速壮大，城市发展迅猛。由于贵族的没落和农业资产阶级地位的相对降低，不仅宫殿建设基本停止了，庄园府邸也失去了对建筑发展的领导作用，这个时期城市住宅和各种公共建筑物成了设计和建造的主要目标。从 18 世纪下半叶到 19 世纪中叶，英国主要的建筑潮流是希腊和古罗马风格的复兴，古典主义在当时的著名建筑师帕拉迪奥的手中发扬光大，秉承古典主义对称与和谐的原则，衍生出英国具有影响力的乔治亚风格。乔治亚风格在英国殖民国家中整整流行了一个世纪（18 世纪），是对美国最有影响的一种风格，现在看到的传统欧洲的建筑风格基本上都是以乔治亚风格为原型的。

8.2 主要建筑类型及特点

8.2.1 居住建筑

乔治时期最典型的居住建筑就是联排住宅。由于 1666 年伦敦火灾之后的新法规规定所有的住宅都要用砖石，于是英国就这样从木结构住宅建筑为主的国家变为一个砖石的世界。起初，红砖更受青睐，但之后，棕色和黄色砖变成为时尚。18 世纪末，在砖砌墙体里外粉刷仿石材的涂料成为流行的风格。

乔治时期的工业革命造成人口向城市集中，城市里不能像乡间那样建造庄园和府邸，必须聚集而居，联栋住宅便将数十户聚集在一起，形成一种新的住宅形式。由于时值乔治王朝，这种住宅形式又称为乔治式联栋住宅（图 8-1、图 8-2）。联栋住宅前面的道路为了地下室的采光和通风常常设置采光井，采光井与道路的边界线则由有装饰的铁栏杆围起来（图 8-3）。

乔治的联排住宅适应现代生活，经久耐用，可以根据经济实力建成不同规格，也可建为单栋。乔治时期住宅建筑风格比较典型：如古典门廊、双坡或四坡屋顶形式、窗户的六对六的标准分割，简化的窗棂线脚、上下推拉窗等特点（图 8-4）。壁炉从这个时候起成为装饰的重点，因此立面上有成排的烟囱（图 8-5）。

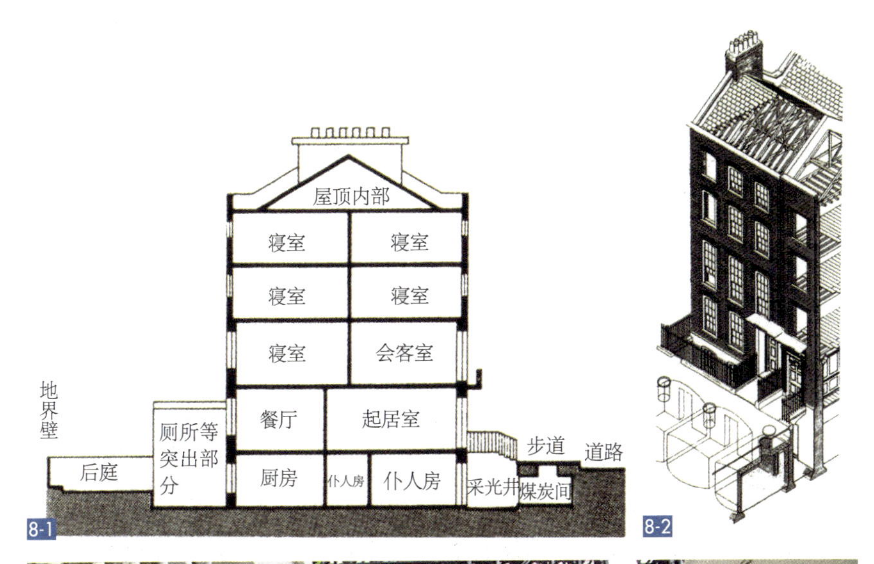

图8-1　联排住宅剖面图

图8-2　联排住宅剖视图

图8-3　地下室采光井

图8-4　窗和屋顶细节
图8-5　成排的烟囱

屋顶常躲在屋檐墙或是栏杆的后面。英国别墅强调门廊的装饰性，在建造时具备对称、平衡和细部装饰精美等特点。

8.2.2 公共建筑

这个时期的公共建筑类型丰富多样，博物馆、画廊、剧院、医院、教堂都深受古典复兴的影响。乔治时代的公共建筑有平面对称、规则的特征，受古希腊和罗马神庙的影响，建筑立面构图均衡，常采用古典主义的比例，有古希腊及古罗马式样的山花和柱式。

同时工业革命产生的生铁技术和材料应用到桥梁、仓库和厂房的设计中，这些设计被称为现代结构工程史上的里程碑，如英国位于科尔布鲁克戴尔附近赛文河上的铁桥。

8.2.3 城市形态

由于工业革命的出现，诞生了如曼彻斯特、伯明翰、利物浦、格拉斯哥、斯卡斯尔等新兴的工业区和工业城市，农村人口大量向伦敦和工业城市转移，城市化进程加快。公路、铁路的修建和人工运河的开凿，使得整个英国的经济联系畅通便捷。

8.3 建筑实例

8.3.1 坎伯兰联排住宅（Cumberland Terrace）

坎伯兰联排住宅位于伦敦卡姆登摄政公园东侧，1826 完成。这是英国建筑师约翰·纳什（John Nash）环绕摄政公园设计的呈半月形的一系列排屋之一。建筑由三个主要的块与装饰拱门间隔组成，古典柱式和线脚的设计体现了新古典主义的建筑风格。

坎伯兰联排住宅共由五个街区构成，全长近 200 米，是乔治时代较大规模的建筑。两端的街区连接着拱门作为通道，在中央的街区竖立了十根爱奥尼克圆柱，整个建筑群的效果如同一个巨大的舞台布景，层次丰富，是典型的乔治时代联栋住宅（图8-6、图8-7）。建筑原是由31栋房屋组成，现在部分已改建成单位，但仍有许多房子是独立的家庭住宅。

8.3.2 皇家新月楼（Roya Crescent）

巴斯属于英格兰埃文郡东部的科兹沃，是一个被田园风光包围着的古典优雅小城，被誉为英国最漂亮典雅的城市之一。皇家新月楼（Royal Crescent）是巴斯最为气势恢宏的大型建筑群，建于1767～1775年，由小约翰·伍德（John Wood，The Younger）设计，是英国第一座弯月形的联排住宅建筑。新月楼的道路与房屋均排列成新月弧形，优美的弧形尽显高雅贵族之风范，被誉为英国最高贵的街道（图8-8）。

整个建筑立面分为底层、中层和顶层三大段，底层被处理成高高的底座形式，并开设简单的长方形大门和长窗；中层采用了帕拉迪奥风格的建筑样式，由巨大的爱奥尼克式柱统领；上部则采用高屋顶形式。这种独特的建筑形式一出现，就成为人们竞相模仿的对象，之后在巴斯、伦敦等地，兴建了许多类似的弧线形联排住宅建筑。这些住宅可以看出乔治时期的典型特征，如屋顶有烟囱，窗为上下成对的窗，门为典型的六嵌板门图等。

8.3.3 大英博物馆（The British Museum）

大英博物馆又名不列颠博物馆，位于英国伦敦新牛津大街北面的大罗素广场，建于1753年，是世界上历史最悠久、规模最宏伟的综合性博物馆，也是世界上规模最大、最著名的博物馆之一（图8-11）。该馆核心建筑占地约56000平方米，由建筑师

图8-6　坎伯兰联排住宅的中央街区

图8-7　古典柱式和线脚

图8-8　皇家新月联排住宅

罗伯特·斯莫克（Robert Smirke）设计的博物馆入口是端庄典雅的单层爱奥尼克柱廊（图 8-12），高大的柱廊和装饰着浮雕的山墙屋顶，是典型的希腊古典建筑式样（图 8-13）。

8.3.4 白金汉宫（Buckingham Palace）

1703～1705 年，白金汉公爵约翰·舍费尔德兴建了一处大型镇厅建筑，将府邸命名为“白金汉府”，之后它曾一度用于帝国纪念堂、美术陈列馆、办公厅和藏金库，直至约 60 年之后成为王室成员住所。

白金汉宫是英国君主位于伦敦的主要寝宫及办公场所（图 8-14）。1761 年，乔治三世获得该府邸，并作为一处私人寝宫，此后宫殿的扩建工程持续超过了 75 年，主要由建筑师约翰·纳什和爱德华·布罗尔（Edward Blower）主持，为中央庭院增加了三侧建筑。1837 年，维多利亚女王登基后，白金汉宫成为英王的正式宫寝。19 世纪末 20 世纪初，宫殿公共立面重新修建，形成延续至今天的白金汉宫形象。

皇宫正面是一座四层正方体灰色建筑，建筑立面为纵、横三段式处理，底层为底座形式。立面采用古典比例，入口中间层设置了两根希腊古典科林斯柱，上层有希腊式的中央山墙（图 8-15），建筑采光使用简单的方窗（图 8-16）。悬挂着王室徽章的庄严的正门，是英皇权力的中心地。

8.3.5 英格兰银行（Bank of England）

英格兰银行是伦敦的经济中心，从 1732 年起，在超过 100 年的时间，一共有 3 位建筑师参与了建筑设计。英格兰银行是世界上第一栋为银行功能而建的建筑，也成为日后银行建筑的典范（图 8-17）。建筑师约翰·索恩（John Thorne ）在 1788～1833

图8-9　优雅的古典建筑风格

图8-10　巨大的爱奥尼克柱

图8-11　规模宏大的大英博物馆

图8-12　希腊式古典入口门廊

图8-13　浮雕装饰山花
图8-14　白金汉宫全貌
图8-15　希腊式的中央山墙

图8-16　简单的方窗
图8-17　英格兰银行

年间，将当时许多不同的古典思潮结合在一起，包括古希腊和古罗马、帕拉迪奥古典主义等（图 8-18）。在索恩的精心设计下，英格兰银行成为古典建筑原型的汇集。

8.3.6 英国国家美术馆和纳尔逊纪念碑（The National Gallery and Nelson Monument）

英国国家美术馆坐落于特加法拉广场北面。美术馆采用对称布局。入口为典型的希腊式门廊，比例典雅而和谐。广场最突出的标志是南端的纳尔逊纪念柱，纪念柱高 53 米，顶部站立着拿破仑战争中的海军上将——英国民族英雄霍雷肖·纳尔逊（Horatio Nelson）的雕像（图 8-19、图 8-20）。

纳尔逊纪念碑的台座是用法国军舰的大炮铸成的，柱顶是将军的铜像，柱底四周是四只巨型铜狮。台座上的大幅浮雕，描绘了他的四次著名的海战场景。纪念柱的设计明显受到古罗马纪功柱的影响，优雅的科林斯柱式配上铜雕像使得整个纪念柱在广场中央显得庄重而肃穆（图 8-21、图 8-22）。

8.3.7 摄政街（Regent Street）

摄政街也译作丽晶街，是位于英国伦敦西区的一条商业街（图 8-23）。摄政街的历史要追溯到 200 年前，1811 年，年轻并热爱时尚的摄政王（Prince Regent）乔治四世（George IV）取代其父乔治三世掌管政权。摄政王非常欣赏拿破仑在巴黎的城市规划，于是让著名建筑师约翰·纳什为其在从摄政王宫到摄政公园间设计一条全新的道路，前后用了十年最终修建而成。这个宽阔且拥有漂亮、流畅大弧度的皇家大道（图 8-24），也就是后来的摄政街，现在伦敦最典型的时尚地标之一，是一百多年来伦敦城市文化的象征。

图8-18　多种古典风格结合
图8-19　国家美术馆和纳尔逊纪念碑
图8-20　国家美术馆入口
图8-21　纳尔逊纪念碑
图8-22　铸铁浮雕基座

8.3.8 苏格兰国家画廊

苏格兰国家画廊坐落在苏格兰首都爱丁堡市中心东王子街和西王子街中间的一座碧草如茵的人造高地上（The Mound）（图 8-25）。1926 年由建筑师威廉·亨利·普莱费尔（William Henry Playfair）负责设计，1859 年正是对公众开放。

该美术馆建筑整体风格为新古典主义流派，东、西两侧各有一突出于壁柱墙面的门廊，门廊上到柱子均为纤细、无装饰、无凹槽的爱奥尼式柱子，非常符合画廊的典雅气息（图 8-26），苏格兰国家画廊是乔治风格在苏格兰的典型代表。

8.3.9 普特尼桥（Pultney Bridge）

普特尼桥位于巴斯，于 1774 年建成。桥长 45 米（148 英尺），宽 18 米，是一座人车混行的石质桥梁，由结构工程师罗伯特·亚当（Robert Adam）负责设计。

街道和两侧的商业建筑同时位于桥体之上，商业建筑立面是经典的帕拉迪奥风格，在中央及两端都以古典元素加以特别强化。三个圆拱券的桥墩支撑着整个桥面，和桥体上端的建筑物共同组成了优美的具有复合功能的桥体。

8.3.10 铁桥（Iron Bridge）

铁桥位于英格兰的科尔布鲁克代尔（Coalbrookdale）塞文河（River Severn），建于 1779 年，是 18 世纪英国工业革命的象征（图 8-29）。铁桥为拱形结构，桥体跨度为 30.6 米，高度为 15.8 米，宽度为 5.5 米，全部采用铸铁材料，重达 384 吨（图 8-30）。铁桥采用类似于木结构联接的结构形式，用互相扣住接头的楔子联接各个铸铁构件（图 8-31）。

图8-23　古典风格建筑的融合

图8-24　流畅的弧形界面

图8-25　对称布局的国家画廊
图8-26　简洁的爱奥尼柱式
图8-27　优美的组合桥体

图8-28　圆拱桥墩的倒影
图8-29　圆拱铁桥

1779年在不中断河道交通运输的情况下，建设者们用了几个月时间才将大桥竖立在塞文河之上。在经过建造桥面和路面铺设后，铁桥于1781年元旦顺利通车。作为世界上同类桥梁构筑物中的第一座，该桥以其古典的匀称和致雅成为世界桥梁技术史上一座里程碑，单跨铸铁结构是英国设计和工程的一个转折点，后铸铁被广泛应用于桥梁、渡槽和建筑物，它的建成大大推动了科学技术和建筑学的发展。

图8-30　采用铸铁材料的桥体
图8-31　铸铁构件细部

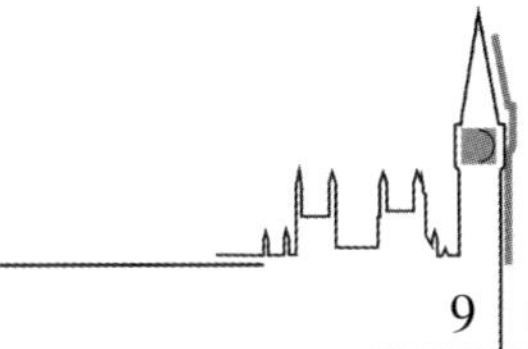

9 浪漫主义时期的建筑（18 世纪下半叶到 19 世纪下半叶）

THE ARCHITECTURE OF ROMANTICISM PERIOD

9.1 概述

浪漫主义运动，是指 18 世纪下半叶至 19 世纪下半叶，欧美一些国家表现出的对工业革命时期社会经济制度及城市资产阶级上升的否定态度。那些处于封建社会向资本主义社会转型时期的浪漫主义文学家们，亲眼见到封建时代的腐朽与不公以及资本主义经济的非人道，深感整个社会剥夺了人民最基本的生存权。由此，文学及艺术家们开始摒弃 18 世纪盛行的文学、艺术及哲学的理性基调。

新古典主义文学家和艺术家们认为人是社会性的动物，而浪漫主义文学及艺术家们则认为人最基本的应是独立自由的个体。古典主义者们强调人与人的共性，而浪漫主义者们强调每个人与众不同的个性与思想。可以说浪漫主义其实是将人们的注意力从外部世界——社会文明转移到内部世界——人类自己的精神实质。简而言之，浪漫主义就是将人的个体作为整个世界与生存的中心，体现强烈的民族精神，反对古典主义者们推崇的光复古罗马、意大利或法兰西的古典主义建筑。

浪漫主义建筑是这种思潮影响下流行的一种建筑风格。浪漫主义建筑在要求发扬个性自由、提倡自然天性的同时，否定乔治时期古典主义所带来的所谓理性和共性，倾向于表现个人的见解，更喜欢追溯到中世纪或文艺复兴时期的世界，用中世纪手工业艺术的自然形式来反对资本主义制度下用机器制造出来的工艺品，并以前者来和古典艺术抗衡，这种思潮在建筑上表现为追求超尘脱俗的趣味和异国情调。

英国是浪漫主义建筑的发源地，18 世纪 60 年代至 19 世纪 30 年代 ，是浪漫主义建筑发展的第一阶段，又称前浪漫主义，这段时间出现了中世纪城堡式的府邸，甚至东方式的建筑小品；

19 世纪 30～70 年代是浪漫主义建筑的第二阶段，也是下一章节维多利亚时代的早期，这一时期由于追求中世纪的哥特式建筑风格，又称为哥特复兴建筑。哥特式建筑的复兴其实是借用了中世纪哥特式建筑的形式，例如尖塔、尖拱券等，但其内部的结构功能全是现代的，是为“内现外古”。浪漫主义建筑主要限于教堂、大学、市政厅等中世纪就有的公共建筑类型，它在各个国家的发展不尽相同，大体说来，在英国、德国流行较早较广，而在法国、意大利则不太流行。

9.2 主要建筑类型及特点

9.2.1 居住建筑

这个时期的居住建筑延续乔治时期的排屋形式，只是其内部功能和外部形式更加多样化。

9.2.2 公共建筑

这个时期的公共建筑追求中世纪哥特式建筑风格，教堂、大学、市政厅受其影响较多。早期的浪漫主义建筑追求异国情调，意图体现传奇色彩，如威廉・钱伯斯（William Chambers）为英国王室设计的带有中国特征的邱园（Kew Garden）和建筑师约翰・纳什仿照印度莫卧儿王朝清真寺式样建造的布莱顿皇家别墅（Brighton Royal Pavillion）。

19 世纪 30 年代至 70 年代是浪漫主义的第二阶段，也是全盛时期。这个时期是维多利亚的早期风格，创作以哥特复兴为主要特点，线条明快的尖拱门窗、高耸的尖塔和尖券是主要特征，建筑具呈现强烈向上升腾的态势。如英国议会大厦（Houses of Parliament）、曼彻斯特市政厅（Manchester Town Hall）和苏格兰圣吉尔斯大教堂（St. Giles' Cathedral）。

9.2.3 城市形态

19 世纪的英国，工业革命的快速发展带来城市化进程的加快，大量人口涌向城市，使得除伦敦外一批以工业为主导的城市得以迅速发展，如曼彻斯特、利物浦和伯明翰等。这些城市随处可见是高耸的烟囱，人口众多，经济繁荣的背后是环境的严重污染和城乡差别的日益加大。

9.3 建筑实例

9.3.1 邱园

英国皇家植物园也叫邱园，位于伦敦西南部泰晤士河南岸，被联合国列为世界文化遗产。邱园始建于 1759 年，原本是英皇乔治三世的皇太后奥格斯汀公主（Augustene）的私人皇家植物园，起初只有 3.6 公顷，经过 200 多年的发展，已扩建成为有 120 公顷的规模宏大的皇家植物园。

在英国皇家植物园的东南角矗立着威廉・钱伯斯设计的带有中国特征的砖塔（图 9-1），这个八角、十层的塔身在窗、栏杆和柱子上装饰着代表中国的红色，具有东方的神秘和崇高。除此之外，园中还有日本风格的建筑和民宅，体现了设计师在这个时期对于东方情调的热爱（图 9-2、图 9-3）。

9.3.2 布莱顿皇家别墅

布莱顿皇家行宫又称布莱顿皇家别墅，是建筑师约翰・纳什的作品，于 1815～1822 于由乔治四世兴建。别墅位于布莱顿城中心，是英格兰最奢华的享乐主义建筑之一（图 9-4）。其设计

图9-1　中国式砖塔

风格从印度莫卧尔王朝的外部穹顶到中国式室内建筑，无不极尽奢华（图 9-5～图 9-7）。宫内的长廊、宴会厅、国王套房和厨房都保留了当年的富丽堂皇，是前浪漫主义时期模仿伊斯兰教礼拜堂的典型例子，具有明显的异国情调。

图9-2　日本风格的建筑
图9-3　日本风格的民宅

图9-4　布莱顿皇家别墅
图9-5　仿伊斯兰风格礼拜堂
图9-6　行宫夜景

图9-7　富有异域情调的室内装饰

9.3.3　英国议会大厦

威斯敏斯特宫（Westminster Palace）又称议会大厦，坐落在泰晤士河西岸，建于1836~1868年，占地8英亩，是英国上下两会的所在地。整个建筑气势雄伟，是大型公共建筑中第一个哥特复兴杰作，是浪漫主义建筑兴盛时期的标志和代表作品。

英国议会大厦采用的是亨利第五时期的哥特垂直式，其平面沿泰晤士河南北向展开，沿泰晤士河的立面平稳中有变化，协调中有对比，形成了统一而又丰富的形象，是维多利亚哥特式的典型表现（图9-8）。

建筑的平面设计以满足功能为主，不同使用者群设置了单独的入口，有供君主使用的礼仪套房，包括楼梯、内廊、更衣室、皇家画廊和王子的房间，并最终到达上议院，也有供议员进入下议院的专用通道（图9-9）。正立面采用不对称的设计，立面有凸肚窗和强烈的竖向线条（图9-10）。建筑周围设置有高耸的角塔，从外表来看，其顶部冠以大量小型的塔楼，而墙体则饰以尖拱窗、优美的浮雕、飞檐以及镶有花边的窗户上的石雕饰品，整体造型和谐融合，充分体现了浪漫主义建筑风格的丰富情感（图9-11）。

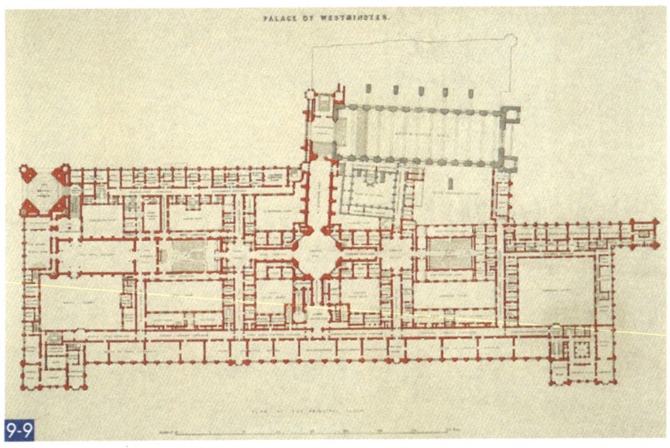

图9-8　泰晤士河畔的议会大厦

图9-9　威斯敏斯特宫平面图

图9-10　凸肚窗和强烈的竖向线条

图9-11　钟塔

9.3.4 圣吉尔斯大教堂（St. Giles' Cathedral）

圣吉尔斯大教堂（St. Giles' Cathedral）是一个苏格兰长老会的礼拜场所，位于苏格兰爱丁堡老城，是爱丁堡最高等级的教堂，其独特的苏格兰王冠尖顶构成爱丁堡天际线的突出特点（图 9-12）。

1829 年，建筑师威廉·伯恩（William Burn）受命修复和美化教堂。他拆除了一些小堂，使其外观对称。在 1872 年至 1883 年，威廉·钱伯斯爵士计划并资助了进一步的修复，目的是建立一个国家教堂："苏格兰的西敏寺"。宗教改革时大多消失的花窗玻璃又出现在教堂的窗户上。建筑采用了哥特式的表现手法，包括尖塔、尖拱券和立面强烈的竖向线条（图 9-13）。教堂的正立面运用了对称的设计，新哥特式的天花与饰壁上的雕刻极为精美华丽（图 9-14、图 9-15）。

图9-12　圣吉尔斯大教堂

图9-13　哥特式的表现手法
图9-14　新哥特式的天花装饰
图9-15　墙上精美的雕刻

10 维多利亚时期的建筑（1837 ~ 1901 年）

THE ARCHITECTURE OF VICTORIA PERIOD

10.1 概述

维多利亚时代（Victorian era）被认为是英国工业革命和大英帝国的巅峰。它的时限常被定义为1837~1901年，即维多利亚女王（Alexandrina Victoria）的统治时期。这个时期的大英帝国走向了世界之巅，它的领土达到了3600万平方公里。大英帝国的经济占全球的70%，贸易出口更是比全世界其他国家的总和还多好几倍。维多利亚女王是第一个以“大不列颠与爱尔兰联合王国女王和印度女皇”名号称呼的英国君主，她在位的63年期间，是英国最强盛的所谓“日不落帝国”时期，1901年1月22日，维多利亚女王去世，维多利亚时代结束。

维多利亚时代被认为是英国工业革命的顶点时期，也是英国经济文化的全盛时期，人们信仰科学进步，对于工业革命充满了乐观和信心。汽船的出现使得运输和贸易达到了前所未有的繁荣兴旺，四通八达的铁路交通贯穿英国的东西南北。

维多利亚时代还涌现出了许多伟大的作家、诗人和他们的传世之作，如英国女作家夏洛蒂·勃朗特的《简·爱》以及著名现实主义小说家查尔斯·狄更斯的《雾都孤儿》等。维多利亚时代的文艺运动流派包括古典主义、新古典主义、浪漫主义、印象派艺术以及后印象派等。维多利亚时期以崇尚道德修养和谦虚礼貌而著称，是一个科学、文化和工业都得到很大发展的繁荣昌盛的太平盛世。

在维多利亚时代，英国的政治、经济、社会皆飞速变化，最显著的结果就是富裕的中产阶级剧增，财富的拥有及身份的提升唤起了中产阶级改变居住环境和室内装饰样式的意识，为建筑设计和室内设计的繁荣奠定了基础。

在建筑上，最直接的表现就是历史上各种建筑式样的复兴及融合在整个维多利亚时期形成一种风尚。哥特复兴样式在英国首先备受推崇，新兴的富商、资产阶级渴望与贵族有同等的生活，他们对风格的准确性没有兴趣，因此经常随机地使用几种风格的元素如文艺复兴式、诺曼式、都铎式、伊丽莎白式或意大利风格。只是，维多利亚时期对这些风格的重新演绎并非只是简单的复制，而是加入了更多现代的元素，并运用了新的建筑材料，改进了原有的建造方法，从某种意义上说是对原有风格进行了完善，是对多种风格所作的融合。原先常用的石头、木、草等地方性建筑材料被大量便宜且维护方便的工业砖替代，除了一些小村镇，全国上下的官邸、教堂、住宅等都使用几乎同样的建筑材料。

维多利亚后期，金属和玻璃的出现，为建筑设计的形式和结构革新提供了可能性。具有浓郁折中主义色彩的“复古风”与向现代建筑演进的“变异风”交织在一起，构成了维多利亚时期的建筑风格，这个时期的建筑风格是英国历史上最多样化和最富特色的。

从 19 世纪 70 年代开始，英国工业独霸全球的地位开始逐渐丧失，其他国家迎头赶上，以美国和德国的工业发展最为突出。

10.2 主要建筑类型及特点

10.2.1 居住建筑

由于维多利亚时期的工业得到迅速发展，铁路和制造业的蓬勃使得越来越多的人涌进城镇，为解决人们的居住问题并节约用地，一排排背靠背的联排别墅被建起来供普通人和工人居住，布局上形成排屋（terrace）。从空中俯视，一排排房屋沿街道排列，这样的景观遍布整个英国的城镇。

经济的发展带来财富的分配不均，这充分体现在这一时期的住宅形式上。维多利亚时期住宅建筑等级划分非常明显，在下层阶级还住在乔治时代延续下来的背靠背住宅（back-to-back housing）的最低水平时（图 10-1、图 10-2），中产及富贵阶层对于住宅则追求精美舒适，富有实力的富人开始兴建古典或者是哥特风格的独立别墅。

19 世纪初，中产阶级的住宅开始由市中心逐渐外迁，这一变化是中产阶级在理想与现实之间的选择。城市里日益恶化的居住环境使中产阶级选择逃避城市到郊区寻找更适合的居住地。在郊区，中产阶级住宅的类型以半独立式住宅和独立的别墅为主，建筑风格以线条明快、尖拱尖角的哥特式风格为主。在布局上，中产阶级根据住宅的规模和需要划分出许多具有特殊功能的房间，一方面体现了中产阶级上流社会的生活方式，另一方面体现了中产阶级注重工作和家庭生活的分离以及对家庭生活隐私的保护。

与上层阶级的住宅相比，一方面，中产阶级的住宅虽然在地理位置、规模、配套设施、建筑风格、布局及陈设上还达不到前者的优越程度，但能反映出后者对前者的模仿和追赶以及“向上流社会看齐”的价值取向，与下层阶级的住宅相比，中产阶级无论是外在要素还是功能内涵等方面都处于绝对优势，从而体现出他们在面临下层阶级的冲击时，希望借助自己的经济实力、生活方式和阶级认同拉开与后者的差距。

这个时期几乎不再新建木构住宅，住宅建筑特点可归纳如下：

1）很少设地下室，入口位于建筑底层，入口带顶棚；

2）常出现三角形山墙，房顶高耸带悬垂（图 10-3）；

3）屋顶山形墙上突起的装饰物，一般为装饰雕刻或者花边轮廓（图 10-4）；

4）流行凸窗，底层的凸窗通常有自己的屋顶，或连到二层的凸窗上（图 10-4）；

5）屋外有走廊和阳台，常采用铁质栏杆及局部做装饰；

图10-1　普通工人居住房屋
图10-2　条件恶劣的背靠背住宅

6）窗扇分割加大甚至用整块大玻璃制作；

7）中、上层住宅大量使用壁炉，几乎每个房间都有；

8）别墅中各种精美的装饰性的石膏顶棚和浅浮雕被广泛使用（图 10-5）；

9）各种图案的墙纸被用在木墙板上或朴素的粉墙的装饰上（图 10-6）；

图10-3　带悬垂的屋顶

图10-4　花边雕刻屋顶、大玻璃和凸肚窗

图10-5　壁炉和装饰石膏顶棚
图10-6　墙纸及墙板的组合装饰

10）在一些朴素的住宅中，使用平松木地板，并用地毯覆盖，然后用蜂蜡和松脂对其分色和磨光，用小块不同着色的硬木铺设成几何图案。

10.2.2 公共建筑

这个时期的公共建筑主要是各种装饰元素的自由组合，以多种形式重现了以往各个时代的古典风格，如：希腊风格、哥特式建筑风格以及文艺复兴时代的风格。同时，埃及和东方特征也融入其中，这些风格在时间上相互重叠，没有特别明显的开始和结束，个性化的演绎非常丰富。新材料和新技术的不断发展使得钢和玻璃被大量应用到公共建筑中，同时带来风格和结构形式上的变化。

这个时期公共建筑具体有如下几个特点：

1）墙面出现长短相间的砖连接和各色砖拼成的艺术图案；

2）不同建筑风格多样组合和演绎；

3）钢架的使用使得大跨度建筑成为可能，出现了很多大型火车站；

4）玻璃的大量应用使得建筑形式丰富多样。

10.2.3 城市形态

从 19 世纪 40 年代开始，铁路带来了交通方式的巨变。18 世纪大部分人口居住在乡村，从事农业，而到 1851 年城镇居民超过了农村人口。同时，城市还在持续发展，城市住房的供应成为一个主要问题，全国城镇到处可见成排成行的廉居公寓。虽然城市公共设施有很大发展，大量兴建了公园、图书馆、音乐厅和电影院等以丰富居民的业余生活，但是这些设施的服务对象却是富足的上流社会，城市建设资源的有限性使得很多设施不能覆盖和满足大多数下层社会的需求，出现了一系列的城市化问题，导致城市环境不断恶化，社会矛盾不断尖锐。一些理论家对于城市建设和规划提出了新的观点，如欧文的“新协和村”和霍华德的“田园城市”理论均产生于这样的背景之下。

罗伯特·欧文（Robert Owen）是英国19世纪初有影响的空想社会主义者，他主张建立的“新协和村”，居住人口500～1500人，有公用厨房及幼儿园。住房附近有用机器生产的作坊，村外有耕地及牧场。为了做到自给自足，必需品由本村生产，集中于公共仓库，统一分配。

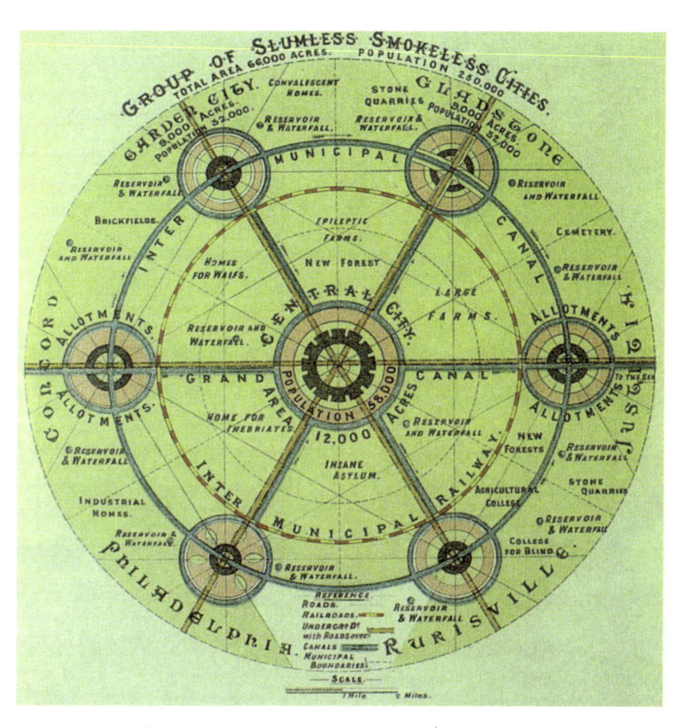

图10-7　田园城市概念图

英国社会活动家 E. 霍华德（Ebenezer Howard）提出了“田园城市”的概念，针对当时的城市问题提出应该建设一种兼有城市和乡村优点的理想城市——Garden City（田园城市）。田园城市实质上是城和乡的结合体。他给田园城市的定义是：田园城市是为健康、生活以及产业而设计的城市，它的规模能足以提供丰富的社会生活，但不应超过这一程度；四周要有永久性农业地带围绕，城市的土地归公众所有，由一委员会受托掌管。根据霍华德的定义，可以看出他的城市实质包括城市和乡村两部分。霍华德希望通过在城市周围建设一些小规模城市来缓解大城市由于人口聚集带来的城市问题，通过城市和乡村的结合来避开二者之间存在的弊端。

这些设想和理论学说，把城市当作一个社会经济的范畴，努力为适应新的生活而改变。这些理论虽然只有局部的实践，并没有完全实现，但对于城市规划的发展和影响至今仍还有存在。

10.3 建筑实例

10.3.1 牛津大学基布尔学院（Keble College，Oxford）

牛津大学基布尔学院又称喀比尔学院、客白尔学院或者奇博学院，是为纪念牛津运动核心人物约翰·基布尔于 1868 年到 1882 年之间创建的。基布尔学院是牛津学院当中第一个用砖而非块石建成的学院，也是第一个由公开募捐经费建成的学院（图 10-8）。

学院建筑群中最著名的为威廉·巴特菲尔德（William Butterfield）设计的红砖主建物，建筑师威廉·巴特菲尔德偏离牛津大学建筑传统的手法就是用红砖取代传统的材料，从图中可以看出红砖拼花的墙面细部及其带来的迷人效果（图 10-9）。

图10-8　牛津大学基布尔学院

图10-9　各色砖拼花装饰墙面

10.3.2 英国自然历史博物馆（Natural History Museum）

英国自然历史博物馆位于伦敦市中心西南部、海德公园旁边的南肯辛顿区（图 10-10），是欧洲最大的自然历史博物馆。原为 1753 年创建的不列颠博物馆的一部分，1881 年由总馆分出，1963 年正式独立。1864 年，工程师弗兰西斯·福克（Francis Fowke）在博物馆方案竞赛中获奖，但不久去世，后由艾尔弗雷德·沃德豪斯（Alfred Waterhouse）完成。

博物馆为维多利亚式建筑，形似中世纪哥特式大教堂。博物馆外立面同样采用维多利亚时期常用的砖来拼贴（图 10-11），而室内中厅则采用钢架使整个空间开阔恢宏（图 10-12）。

10.3.3 牛津大学自然史博物馆（Oxford University Museum of Natural History）

牛津大学自然史博物馆有时简称牛津大学博物馆（Oxford University Museum），是牛津大学收集陈列自然史标本的博物馆（图 10-13）。博物馆的讲座大厅曾是 1860 年牛津演化论大辩论的场址，现由大学的化学、动物学及数学系所使用。

自然史博物馆为哥特复兴式建筑，由爱尔兰建筑师托马斯·纽曼·迪恩（Thomas Newman Dean）及本杰明·伍德沃德（Benjamin Woodward）所设计，其设计方案受到文学和艺术评论家约翰·拉斯金的直接影响，拉斯金本人也在伍德沃德设计时提出过很多建议。博物馆中央有一个大型带玻璃顶的庭院，由铸铁柱子支撑，将庭院分为三个通道，很像中世纪教堂的肋拱顶（图 10-14）。铁柱上有精美的装饰，建筑的内外均有较明显的中世纪哥特建筑风格。

图10-10　英国自然历史博物馆
图10-11　教堂式的入口处理
图10-12　室内中厅采用钢架

图10-13　牛津大学自然史博物馆
图10-14　铸铁肋拱顶

10.3.4 哈罗德百货（Harrods）

哈罗德百货公司成立于 1834 年，是世界最负盛名的百货公司，位于伦敦的骑士桥（Knights bridge）（图 10-15）。1883 年的一场大火烧毁了原来的商铺，哈罗德家族因而有机会新建一个更大的建筑。现在的哈罗德百货建筑占地 4.5 英亩，地上地下共七层，营业面积约 20000 平方米，是目前英国境内最大的百货公司。哈罗德百货的立面融合了多种风格的建筑形式，有罗马式穹顶、希腊式山花、巴洛克式细部装饰等，室内装修风格充满了阿拉伯和中东的异域情调，哈罗德百货的地下层，被装潢成古埃及格调（图 10-16），美轮美奂，风味十足，是典型多风格融合叠加的维多利亚式样建筑（图 10-17、图 10-18）。

10.3.5 海军拱门（Admiralty Arch）

海军拱门也被称为是伦敦海军总部拱门，坐落于特拉法尔加广场的西南角，是伦敦中央的历史性地标建筑（图 10-19）。拱门是为纪念维多利亚女王而筑，由阿斯顿·韦伯（Aston Webb）设计，1912 年完工。

海军拱门正立面为四分之一圆弧的典礼用门楼，正对着特拉法加广场和白金汉宫，曾被英国皇家海军和内阁作为办公地。

拱门有六根圆柱，三个大门洞，两侧的四层建筑与拱门连成一体，且组合成弧形，非常雄伟。设计的重点在于为特拉法尔加广场和白金汉宫之间营造一处适应典礼行程的优雅通道。海军拱门正中有等大的三个古罗马式圆拱门，两侧的拱门分别供左右行车辆同行，中央的拱门平时禁止同行，仅在国家庆典时解除封闭。两侧各有一道较小的圆拱翼门供人步行。

图10-15　哈罗德百货
图10-16　埃及风格大厅装饰

图10-17　多风格融合的建筑形式

图10-18　充满异域情调的室内
图10-19　海军拱门

建筑混杂罗马拱门、希腊柱式和巴洛克的墙面装饰，加上乔治时期的典雅开窗，是典型的多风格重叠，并将叠加效果完美地体现出来，这也是维多利亚时期建筑很大的特点。

10.3.6 拉塞尔酒店（Hotel Russell）

坐落于伦敦的拉塞尔广场的这个酒店，原名罗素酒店，是一家五星级酒店，位于 Bloomsbury。建于 1898 年，由建筑师查尔斯·菲茨罗伊·德奥（Charles Fitzroy Doll）设计。可以看出其屋顶形式是多元素风格的融合，建筑墙面运用红砖拼贴的方式形成迷人的艺术效果，维多利亚式凸窗和屋檐及不同风格装饰紧密结合，体现了维多利亚时期公共建筑的多元化特色（图 10-20）。

10.3.7 伦敦塔桥（Tower Bridge）

伦敦塔桥是一座上开式悬索桥，位于伦敦，横跨泰晤士河，因在伦敦塔（Tower of London）附近而得名。该桥是从泰晤士河口算起的第一座桥（泰晤士河上共建桥 15 座），也是伦敦的象征（图 10-21）。始建于 1886 年，1894 年 6 月 30 日对公众开放，将伦敦南北区连接成整体。

塔桥全长 800 英尺（240 米），两座花岗石和钢铁建成的高塔建在桥墩上，每座塔高 213 英尺（约 65 米），中心跨度 200 英尺（约 61 米）。中间的铁桥臂可提高到 86 度供船只通过（图 10-22）。桥内设有商店、酒吧，即使在雨雪天，行人也能在桥中购物、聊天或凭栏眺望两岸风光。从外表来看，塔桥的两端是维多利亚时代的砖石塔，但实际上塔身的结构主要是钢铁的，里面装有用来开合各重 1000 吨桥梁的水力机械（图 10-23）。塔桥的设计是为了同时满足航运和路面交通两方面的需要。塔桥风

图10-20　多元风格的完美结合
图10-21　伦敦塔桥全景
图10-22　桥面能够自由往两边翘起

格古朴，远望如两顶皇冠，雄奇壮伟，是典型的维多利亚时期风格，伦敦塔桥的设计在世界桥梁建筑史中有很高的地位。

10.3.8 水晶宫（The Crystal Palace）

为了炫耀工业革命带来的伟大成果，英国在 1850 年提出了举办世界博览会的建议，得到了各国的积极响应。由英国的阿尔伯特亲王（维多利亚女王的丈夫）主持，在伦敦的海德公园内进行。1850 年对展厅方案进行公开竞标，最后英国建筑师约瑟夫·帕克斯顿（Joseph Paxton）中标，负责设计展览大厅。

约瑟夫·帕克斯顿爵士设计的水晶宫，是创新的铁框架和玻璃的全新结合，"水晶宫"建筑的宏大规模，建筑的长度为 564 米，宽度为 137 米，总建筑面积为 7.27 万平方米（图 10-24）。建筑用钢材和玻璃建成圆拱形大厦，实际上是一幢放大了的温室，水晶宫采用大量的标准化构件，后来很大程度上引导了现代建筑的产生（图 10-25），1851 年的展览本身就是 19 世纪工程学界的胜利。

10.3.9 伦敦各大火车站

工业革命使铁路交通得以快速发展，19 世纪中，伦敦成为全球铁路网最密集的城市，相继建立了各大火车站。火车站分布在伦敦不同的区域中，所有的火车站都与地铁相连。钢和玻璃以及钢制拱形支架在火车站的大空间需求中得到充分发挥，最为突出的是维多利亚站（Victoria Station，图 10-26）、帕丁顿火车站（Paddington Station，图 10-27）、滑铁卢车站（Waterloo Station，图 10-28）、国王十字站（Kings Cross Station，图 10-29）、圣潘克拉斯车站（St. Pancras Station，图 10-30）和利物浦街车站（Liverpool Street Station，图 10-31）。

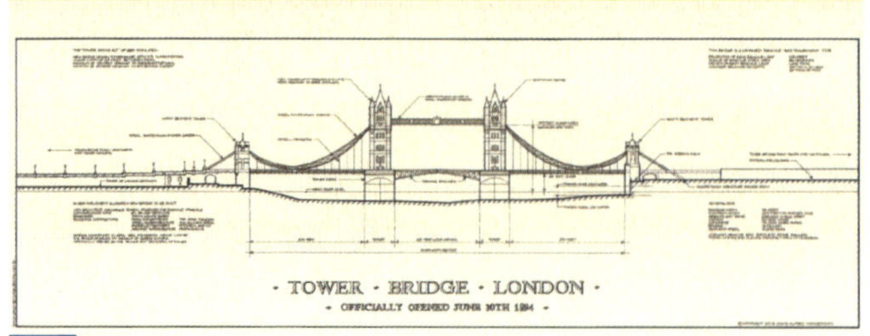

图10-23　伦敦塔桥剖立面图

图10-24　体量巨大的水晶宫

图10-25　铁框架和玻璃的完美结合

图10-26　维多利亚车站
图10-27　帕丁顿车站

图10-28　滑铁卢车站
图10-29　国王十字站

图10-30　圣潘克拉斯车站
图10-31　利物浦街车站

图10-32　伦敦霍尼曼博物馆花园温室

10.3.10 伦敦霍尼曼博物馆花园温室（Garden Greenhouse of Horniman Museum）

伦敦霍尼曼博物馆位于伦敦南部，占地约 97 亩，是一个叫霍尼曼的茶叶商人于 1901 年投资，查尔斯·哈里森·汤森德（Charles Harrison Townsend）负责设计的。博物馆以自然科学和人类文化为主题，展品从人类历史到自然世界应有尽有。博物馆附带花园，花园中的玻璃温室是典型的维多利亚公共建筑形式，造型灵透的钢拱和玻璃的应用使得原来呆板古典的建筑形式得以突破（图 10-33），钢柱和顶上有纹饰和雕刻（图 10-34），入口门廊及门檐有丰富的铸铁花饰（图 10-35）。阳光透过玻璃照入室内，可以作栽种各种植物的温室，现在成为一个富有情调的餐厅。

图10-33 钢柱的纹饰和雕刻

图10-34　入口铸铁花饰
图10-35　灵透的室内空间

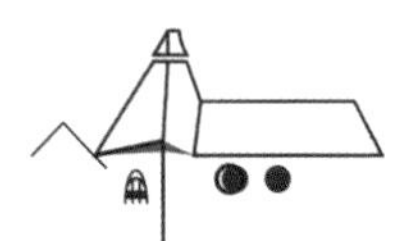

11　工艺美术运动时期的建筑（19 世纪下半叶至 20 世纪 20 年代）

THE ARCHITECTURE OF ARTS AND CRAFTS MOVEMENT PERIOD

11.1 概述

19 世纪，资本主义大工业生产造成技术和艺术的脱节和对立，机器生产的批量产品导致艺术质量急剧下降，还引发了消费者艺术趣味的衰落。大批量工业化生产和维多利亚时期的繁琐装饰两方面同时造成设计水准急剧下降，艺术家们不屑于产品设计，工厂只重视生产和销量，设计与技术相对立，导致英国和其他国家的设计师们都希望能够通过复兴中世纪的手工艺传统来提升设计水平。

工艺美术运动（Arts & Crafts Movement）是起源于 19 世纪下半叶英国的一场设计改良运动，其产生受艺术评论家约翰·拉斯金、建筑师 A·W·Pugin 等人的影响。约翰·拉斯金认为伯克斯顿用钢铁和玻璃建造的水晶宫虽然开创了新材料的应用，但展品大部分为工业产品，外形粗陋，是“没有灵魂”的机器产品。约翰·拉斯金强调设计形式应“回归自然”，应该“向自然学习”，既反对复古主义的维多利亚的矫饰繁复样式，也反对工业化批量生产的粗糙，强调艺术应与工业结合。他认为真正成功的设计，应当是实用性与艺术性的结合。他进一步提出设计的民主思想，反复强调设计的两个基本原则：一，产品设计和建筑设计是为大众而不是为少数人服务的；二，设计工作必须是集体而非个体的活动。这两个原则在后来的现代主义设计中发扬光大。

拉斯金的这些理论思想成为英国工艺美术运动的主导思想，将他的理论付诸实践的是英国工艺美术运动的倡导者、设计家、画家、诗人和社会改革家威廉·莫里斯（William Morris，1834 ~ 1896）。莫里斯继承拉斯金的设计思想，之后进一步深化工业美术的风格特征。工艺美术运动的主要特点是：

1）强调手工艺，明确反对机械化的生产；

2）在装饰上反对矫饰的维多利亚风格和其他各种古典、传统的复兴风格；

3）提倡哥特风格和其他中世纪风格，设计上讲究简单、朴实，反对华而不实的趋向；

4）装饰上还推崇自然主义、东方艺术和东方的装饰特点。

工艺美术运动的设计涵盖家具、陶瓷、染织品和平面设计（图 11-8）等各个领域。家具设计简洁，质朴，没有过多的虚饰结构，并注意材料的选择与搭配（图 11-1）；陶瓷设计以小批量生产为主，主要设计供陈设与玩赏的艺术陶瓷，陶瓷设计家与制作者们忙于高温釉及窑变等品种的实验（图 11-2）；由于莫里斯对染织业兴趣最大，所以其对英国工艺美术运动中染织品设计的影响也最直接（图 11-3）。他反对在染织上使用任何化学染料，坚持使用天然染料（图 11-5）。亲自设计壁毯、地毯、壁纸等，常用的纹样是缠绕的植物枝蔓与花叶（图 11-4、图 11-6、图 11-7），自然气息浓厚。在莫里斯的影响下，英国出现了一批染织品设计家（图 11-9）。

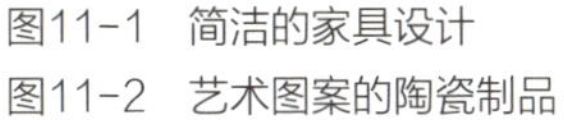

图11-1　简洁的家具设计
图11-2　艺术图案的陶瓷制品

图11-3　染织品设计（一）
图11-4　染织品设计（二）
图11-5　染织品设计（三）
图11-6　染织品设计（四）

图11-7　染织品设计（五）
图11-8　书籍装帧设计
图11-9　莫里斯的纺织工作室

在具体实践创作上，和好友共同设计的住所“红屋”（Red House）的成功建成是威廉·莫里斯设计思想的集中体现，也是威廉·莫里斯的代表作。红屋在设计上采用非对称形式，注重功能，完全没有表面装饰。红屋采用红色砖瓦，既是建筑材料，又是装饰，在细节的处理上大量采用哥特式建筑手法。1860 年莫里斯红屋的建成，引起了设计界的兴趣与称颂。在莫里斯的影响下，一批年轻的艺术家开始组织自己的公司，称之为行会，从而掀起了一场复兴手工艺的艺术运动——工艺美术运动。

工艺美术运动对于矫饰风格的厌恶，对于大工业化的恐惧，是那个时期知识分子当中非常典型的心态，当时能够真正认识工业化不可逆转潮流的人在知识分子当中并不多见。这场运动也正是由于对于工业化的反对，对于机械的否定，对于大批量生产的否定，使之没有能够成为领导潮流的主流风格。过于强调手工，增加了产品的费用，也就没有可能为低收入的平民百姓所享有，因此，工艺美术运动的产品依然是象牙塔里的产品，是知识分子的一厢情愿的理想主义结晶。

在英国“工艺美术”运动的感召下，欧洲也掀起了一个规模更加宏大、影响范围更加广泛、试验程度更加深刻的“新艺术运动”（Art Nouveau Movement）。二十世纪初，英国的工艺美术运动已经被欧洲大陆蓬勃兴起的“新艺术”运动取而代之了。虽然英国的工艺美术运动有其先天的局限，但它首先提出了“美与技术结合”的原则，主张美术家从事设计，反对“纯艺术”。另外，还强调设计应“师承自然”、忠实于材料和适应使用目的，并创造出了一些朴素而适用的作品，为全世界的设计革新运动做出了杰出的贡献。它的产生对后来遍及美国和欧洲等地区的“新艺术运动”产生了深远影响。

11.2 建筑实例

由于这个时期设计师主要尝试领域在于住宅建筑与家具、染织品等方面，公共建筑和城市形态并没有太多尝试，因此，本章建筑实例围绕住宅建筑进行阐述。

11.2.1 红屋

红屋位于英国伦敦郊区肯特郡，是工艺美术运动时期的代表建筑。由威廉·莫里斯和好友菲利普·韦伯（Philip Webb，1831~1915）合作设计，是19世纪下半叶最有影响力的建筑之一（图11-10、图11-11）。

1859年，莫里斯在布置他的新婚住房时，因为市面上找不到理想的住宅和像样的桌椅，家庭富裕的他又是学建筑出身的，便冒出了自己动手设计住房及家具的想法。他请他的朋友和同事菲利普·韦伯和自己一起设计房屋，他希望在“艺术宫殿”中和朋友享受艺术的生产工程。

图11-10　红屋外观

菲利普·韦伯摒弃了一切与巴洛克的联系，在设计上融合了本国乡土建筑、哥特复兴及教区牧师住宅的多种风格。红屋平面根据功能需要布置成 L 形，使每个房间都能自然采光。与维多利亚时期中产阶级住宅通常采用的对称布局、表面粉饰的风格截然相反，红屋的住宅平面是非对称性，完全没有表面粉饰，采用红色的砖瓦，既是建筑材料，也是立面装饰，建筑结构完全裸露。同时采用了哥特式建筑的细节如尖拱入口等，具有乡土建筑和中世纪建筑合二为一的典雅外观。不加粉饰的清水红砖外墙，体现了拉斯金所追求的建筑的诚实性，内墙延续了红砖材质，主要房间配以漆板墙裙和绣花窗帘，鲜明的色彩对比加上材料的自我表达，使整个室内洋溢着清新恬淡的气息（图 11-12、图 11-13）。莫里斯还动手设计了家具、壁纸、窗帘和帷幔的图案，并且由莫里斯的妻子珍妮亲手刺绣完成，风格上都追求哥特式的统一。红屋设计以功能需求为首要考虑，自然、简朴、实用，是英国哥特式建筑和传统乡村建筑的完美结合（图 11-14、图 11-15）。红屋的设计可以说是对拉斯金理论的首次尝试性的实践，为后面的工艺美术运动打开了通道，也成为新艺术运动的早期样板。

11.2.2 布莱克威尔住宅（Blackwel House）

布莱克威尔住宅建于 1898～1900 年，是位于英国湖区的一所大房子，由巴里·斯科特（Baillie Scott）设计（图 11-16）。外观设计有中世纪的尖屋顶（图 11-17），室内装饰有叶子形的门把手、彩色玻璃和木制镶板等。在这里能够看到许多领先的工艺品设计师的作品，包括家具、金属制品、陶瓷制品和壁画等。这座建筑是 20 世纪的设计杰作，也是一个完美的工艺美术运动的案例。

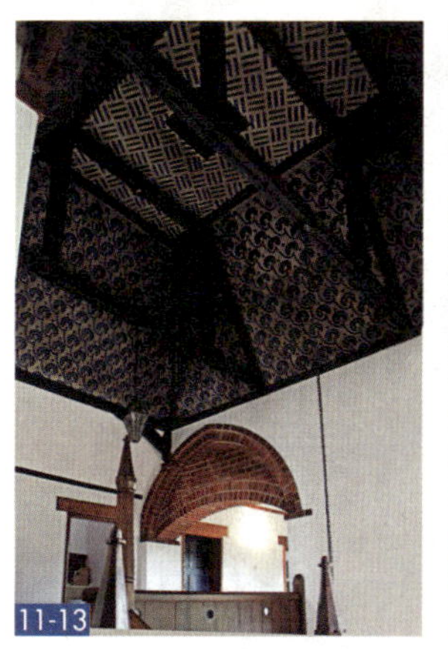

图11-11　花园中的水井

图11-12　室内的漆板墙裙

图11-13　室内的红砖和壁纸装饰

图11-14　具有中世纪风格的宅门

图11-15　彩色玻璃窗

图11-16　布莱克威尔住宅

图11-17　有着明显工艺美术运动风格的室内壁炉和家具

12　近、现代建筑（1901 至今）

THE ARCHITECTURE OF MORDEN & CONTEMPORARY PERIOD

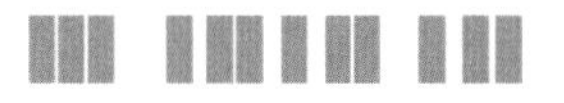

12.1 概述

维多利亚女王是汉诺威王朝的最后一个国王，于 1901 年驾崩。维多利亚女王去世后，其子爱德华七世登位。他以其父艾伯特在德国的封地萨克森科堡与哥达为王室名称。英王爱德华七世成为第一位萨克森 - 科堡 - 哥达王朝的英国君主。萨克森 - 科堡 - 哥达王朝仅传了两代，第二位是爱德华八世。爱德华八世为了辛普森夫人，放弃了皇位，让位给他的弟弟，也就是现在伊丽莎白二世的父亲乔治五世。乔治五世封爱德华八世为温莎公爵。

萨克森 - 科堡与哥达都在德国，所以英国国王一家实际上是德国人。第一次世界大战期间，英国与德国是敌对国家，为了避嫌，与德国祖先划清界限，乔治五世下令更改家族姓氏为温莎，国号也改为“温莎王朝”。温莎王朝一直传递至今，现任女王为伊丽莎白二世。

19 世纪 70 年代以后，英国逐渐丧失工业垄断地位，后起的美国逐步赶上并超过英国，导致相互间矛盾的空前激化。1914 年 8 月，第一次世界大战爆发。大战期间，英国派远征军到欧洲大陆，是西线战场主要参战国之一。第一次世界大战后英国经济困难，1921 年失业人口达到 200 万，1926 年 5 月 4 日，英国工人掀起震惊世界的全国总罢工，投入罢工的工人总计约 50 万，规模空前。第一次世界大战后，各殖民地人民纷纷要求独立，英国殖民帝国开始解体，“英帝国”的称谓改成了“英联邦”。

20 世纪 20 年代末到 30 年代初，爆发世界性经济危机，帝国主义国家之间矛盾加剧。德、意、日法西斯在东西方燃起侵略战火，从欧洲到亚洲，从大西洋到太平洋，先后有 61 个国家和地区、20 亿以上的人口被卷入战争，第二次世界大战最后以美国、苏联、英国、中国等反法西斯国家和世界人民战胜法西斯侵略者赢得世界和平与进步而告终。战后的英国更加削弱，降为二等强国。工党政府在 1945～1948 年间对英格兰银行、煤矿、煤气、电力、电报、国内运输、海外航空等部门实行国有化，以一定程度的计划性指导战后经济的恢复和发展。1947 年，参与拟定并接受马歇尔计划，从美国得到大量援助，经济逐步复苏。

第二次世界大战后的英国，由工党和保守党轮流执政。1979 年大选后，保守党执政，M・H・撒切尔夫人成为英国历史上第一位女首相，撒切尔政府采取国有企业私有化的政策，在振兴经济方面取得不小成绩。英国工党也迅速崛起，工党政府推动大力为公用事业和主要工业进行了国有化，并设立了国民保健署，推动免费医疗及教育，使英国逐渐走上福利国家的道路。

1960 年，英国首次申请加入"欧洲经济共同体"，但被法国总统戴高乐出于战略考虑一票否决。1973 年，英国首相爱德华・希斯（Edward Heath）重启加入"欧洲经济共同体"谈判，并最终于当年成功"入欧"。1975 年，英国时任首相威尔逊（Harold Wilson）发起公投，以决定是否继续留在"欧洲经济共同体"。结果是：66% 的投票者选择继续留在"欧洲经济共同体"，这是英国首次就脱欧进行公投。

1997 年，英国时任首相托尼・布莱尔（Tony Blair）计划在 1997 年后放弃英镑并使用欧元，但遭到当时财政大臣戈登・布朗（Gordon Brown）的阻止。除欧元之外，另一个对欧洲经济一体化非常重要的条约——《申根协定》，英国也没有参与。

卡梅伦 2013 年及 2015 年两度提出"脱欧"公投的主张，主要是为了迎合英国国内和党内的疑欧主义，为保守党争夺更多的选民支持。英国重新提出脱离欧盟，一个极为重要的推手就是英国独立党（UKIP）。独立党成立于 1993 年，是英国的一个极右翼政党，该党在成立之初就主张英国退出欧盟。2016 年 6

月23日，英国就脱离欧盟再次举行全民公投。2016年6月24日，英国“脱欧”公投统票结束，脱欧派以51.9%的得票率获胜，英国将脱离欧盟。

由上可见，从1901年至今，英国经历了不同的政治、军事、历史、社会和经济的变化，与此同时，建筑设计和风格特点也在时代的潮流中发生着剧烈变化。

如果说英国维多利亚时期之前英国建筑风格和欧洲其他国家有明显差异的话，那么自20世纪起，随着工业现代化在全球的实现，互相交流和相互学习借鉴成为趋势，这个阶段建筑风格切换较快，新材料和新技术日新月异，使得建筑设计精彩纷呈，英国和欧美国家的各种建筑实践均为世界建筑的近现代史增添了许多亮丽的色彩。我们在这一章主要以建筑风格的演变为线索来梳理英国近现代以来建筑的发展，总结英国建筑设计的辉煌历史。

英国近现代以来建筑设计的风格主要分为以下几种：新艺术运动时期、装饰艺术时期、现代主义、粗野主义、后现代主义、高技派、绿色建筑和新现代主义。下面逐一对不同风格的建筑特点和案例进行剖析。

12.2　主要建筑风格及特点

12.2.1　“新艺术运动”建筑

20世纪初受到工艺美术运动的影响，欧洲尤其是法国的建筑设计更加追求技术和艺术的融合，产生了较大规模的“新艺术运动”，这个运动也影响到了英国，前后产生了新艺术及装饰艺术的设计特点，更大程度地改变了维多利亚时期工业化的建筑形式。

“新艺术运动”是19世纪末、20世纪初在欧洲和美国兴起的一次影响相当大的装饰艺术运动，是内容广泛的设计上的形式主义运动。“新艺术运动”席卷了设计的各个方面，本质上表现为一种线条装饰倾向或潮流。而线条的表现手法又分成曲线和直线两派。其中曲线派以法国和比利时为代表，直线派以英国的麦金托什与格拉斯哥派、奥地利分离派为代表。

作为一种设计运动，英国的新艺术设计活动主要限于苏格兰。查尔斯·伦尼·麦金托什（Charles Rennie Mackintosh）是英国“新艺术运动”的领袖人物，而且其设计集中地体现了“直线风格”。麦金托什为机械化、批量化、工业化奠定了基础，是联系“新艺术”手工工艺和现代主义运动的环节式人物。他设计的高背椅 Hill House 椅（图 12-1），是黑色的高背造型，非常夸张，是格拉斯哥风格的集中体现。

图12-1　Hill House椅

12.2.1.1　建筑特点

英国新艺术运动主要特点：

1）主张简单的纵横直线；

2）主张简单造型；

3）追求黑白等中性色彩；

4）将有机形态和几何形态混合采用，简单且具有装饰效果（图 12-3）。

12.2.1.2　建筑实例

1）格拉斯哥美术学院（The Glasgow School of Art）

格拉斯哥美术学院建于 1845 年，坐落于英国的建筑与设计之城——格拉斯哥市中心。它一方面受到英国传统建筑的影响，而另一方面则倾向于采用简单的直线。建筑的立面没有流畅的装饰线条，而是采用简单的纵横直线，如方窗和几何形态的构件形成抽象而富有力量的造型（图 12-4、图 12-5）。通过简单的直线的不同编排和布局，取得了非常富有装饰性的效果。

麦金托什常常采用锻铁进行的细部装饰，使其富有生气。栅栏上伸出的支柱、窗户下的支架和大门上的拱顶，都是有机形态与几何形态相融合的体现（图 12-6）。这个建筑是格拉斯哥四人风格的集中体现，是 20 世纪设计的经典之作。

2）垂柳茶室（The Willow Tearooms）

1896 年，麦金托什为格拉斯哥当地倡导的商业女性与节制的理念设计了这个艺术茶室（图 12-7）。茶室的窗、室内装饰和座椅都是麦金托什常常采用的竖向直线条，走进茶室可以真切感受到建筑师独特的设计风格（图 12-8、图 12-9）。

3）艺术爱好者之家（House for an Art Lover）

1996 年由麦金托什与夫人合作完成的“艺术爱好者之家”，将建筑、设计和绘画三种不同形式的艺术完美的结合在了一起（图 12-10、

图12-2　造型简洁的住宅
图12-3　墙面和窗户的装饰

图12-4　窗户和栅栏的设计流畅且富有装饰性
图12-5　麦金托什的经典长条窗

图12-6　形态有机的锻铁饰
图12-7　垂柳茶室外观
图12-8　艺术茶室一隅
图12-9　线条感强烈的室内
图12-10　坐落在Bellahouston公园的爱好者之家

图 12-11）。艺术爱好者之家位于 Bellahouston 公园，为艺术爱好者喜爱的聚集地点，同时也成为当地最好的婚礼和活动场地。在设计方面，麦金托什与妻子的紧密合作，对作品产生了深刻影响，特别是玫瑰色调的使用，使得整间屋子充满浪漫情调，让人陶醉。室内装饰随处可见他的设计手法，线条仍然是主题（图 12-12～图 12-15）。

图12-11 不同角度看爱好者之家
图12-12 室内色调优雅浪漫

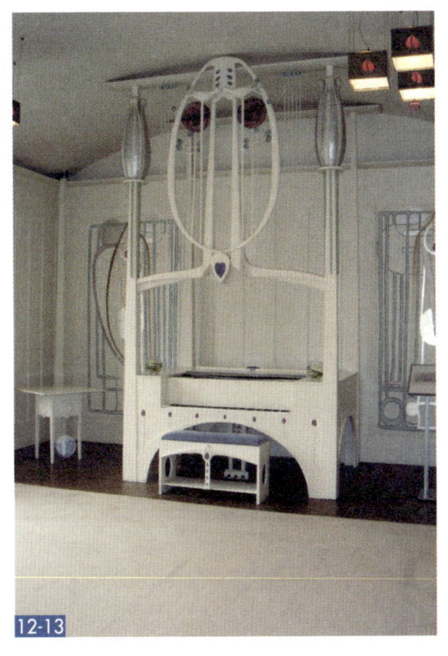
12-13

12-14

12-15

图12-13　室内花艺设计风格
图12-14　主要大厅
图12-15　家具及墙面的设计

12.2.2 装饰艺术运动（Art Deco）

装饰艺术运动演变自十九世纪末的“新艺术运动”（Art Nouveau），是当时的欧美（主要是欧洲）中产阶级追求的一种艺术风格，它的主要特点是感性的自然界的优美线条，称为有机线条，比如花草动物的形体以及东方文化图案。同时，装饰艺术运动不排斥机器时代的技术美感，机械式的、几何的、纯粹装饰的线条也被用来表现时代美感，比较典型的装饰图案，如扇形辐射状的太阳光、齿轮或流线型线条、对称简洁的几何构图等等；色彩运用方面以明亮且对比强烈的颜色来彩绘，具有强烈的装饰意图，例如亮丽的红色、粉红色、蓝色、黄色、橘色及带有金属味的金色、银白色以及古铜色等等。后期，远东、中东、希腊、罗马、埃及与玛雅等古老文化的物品或图腾，也都成了装饰艺术运动装饰的素材来源，如埃及和希腊建筑的古典柱式等等。

装饰艺术运动虽然是现代装饰艺术上的一种运动，但同时也影响了建筑等许多其他方面。装饰艺术运动 1928～1930 年间在英、美风行，到了 1960 年代又再一次的流行起来。装饰艺术运动也普遍被认为是现代主义（Modernism）早期的一种形式。在欧美一些国家还大量运用鲨鱼纹、斑马纹、曲折锯齿图形、阶梯图形、粗体与弯曲的曲线、放射状图样等等来装饰。另外女人的形体也受到设计师的青睐，透露了当时女人赢得了社会上的自由权利。内外装饰打破常规形式，取材自爵士、短裙与短发、震撼的舞蹈等等。英国的装饰艺术风格相比之下相对保守，很少出现欧洲大陆和美国等设计中较为夸张的主题和曲线，主要以色彩、几何图形和文化符号为主。

12.2.2.1 建筑特点

1）明亮对比的色彩（图 12-16）；

2）放射状的太阳光与喷泉形式的应用象征了新时代的黎明曙光；

3）高楼常采用退缩轮廓的线条（图 12-17）；

4）采用速度、力量与飞行的象征物代表着交通运输上的新发展；

5）几何图形的应用，象征了机械与科技的发展；

6）古老文化的形式隐喻着对埃及与中美洲等古老文明的想象；

7）强调运用色彩明亮极强烈对比的颜色以及金属色，造成华美的装饰感（图 12-18）。

12-17

12-16

12-18

图12-16　明亮的色彩对比
图12-17　建筑轮廓线的退缩式设计
图12-18　金属色彩的装饰

12.2.2.2 建筑实例

1）米其林屋（Michelin House）

米其林屋位于伦敦富勒姆路 81 号，建于 1911 年。米其林屋以其装饰设计而闻名，建筑采用拱和巨大的装饰柱（图 12-19、图 12-20），屋顶上有 2 个轮胎堆叠造型的大灯。入口大厅运用陶瓷锦砖铺装，立面采用三个大型彩色玻璃窗和墙面瓷砖装饰并突出广告图案（图 12-21、图 12-22）。米其林屋虽然建于 1911 年，但在材质和造型上都极具装饰艺术风格。

2）卡雷拉斯卷烟厂（Carreras Cigarette Factory）

卡雷拉斯卷烟厂位于伦敦的卡姆登镇汉普斯特路 180 号，建于 1926 年。建筑师 M.E 柯林斯，O.H 柯林斯和 A.G 波里（M.E Collins，O.H Collins & A.G Porri）采用了独特的埃及风格装饰（图 12-23），包括入口处两个巨大的黑猫塑像（图 12-24）、立面上的太阳能盘和太阳神装饰、多彩的巨大壁柱和屋檐（图 12-25- 图 12-27）等。

12.2.3 现代主义建筑

第一次世界大战之后，英国开始在建筑意识上接受了现代主义。直至第二次世界大战后，面对大量的城市重建工作，批量化施工的现代主义建筑逐渐占据了英国城市建设的主导地位。

第一次世界大战后世界的艺术和工业生产中心由欧洲转移到美国。英国虽然没有像德国、俄国、荷兰这些国家一样有大规模的现代主义建筑和设计运动，但是在建筑意识上是基本接受现代主义的。英国在现代设计上，虽然发展得早，但始终和欧洲大陆、美国的现代建筑保持一定的距离，有很强烈的英国自己的特色。相比美国同时期的作品，这个阶段英国的现代建筑大多显得比较内敛，在材料和装饰手法上都表现出朴素、简洁的特点。

图12-19　米其林屋

图12-20　醒目的装饰柱

图12-21　入口装饰
图12-22　立面彩色玻璃窗

图12-23　华丽的埃及柱廊
图12-24　大楼前站岗的“黑猫”
图12-25　檐口和柱头
图12-26　檐口细部
图12-27　柱头细部

12-23

12-24

12-25

12-26

12-27

英国的城市在第二次世界大战中遭受了沉重的打击，居民和商业中心大部分遭到了几乎是彻底的破坏。英国在战后25年中，建设资金相当大部分是投入对贫民区的改造和重建，建设了大量的新公寓和住宅，改善这些地区的公共服务设施和居民的生活状况。由于这类建筑主要面向大众，需求量大，造价便成为重要的考量因素，这样就促进了英国建筑尤其是住宅的发展方向——在强调居住功能完善的前提下，采取造价要低廉、不加装饰细节、采用现代建筑材料和批量化施工的手段（图12-28、图12-29）。至此，英国的现代主义建筑的特征在战争期间和战后逐渐确立起来了。

图12-28　降低造价的高层住宅

图12-29　形式简洁，采用现代材料的住宅

12.2.3.1　建筑特点

1. 强调建筑师要研究和解决建筑的实用功能和经济问题。

2. 主张积极采用新材料、新结构，在建筑设计中发挥新材料、新结构的特性。

3. 主张摆脱过时的建筑样式的束缚，放手创造新的建筑风格。

4. 反对装饰，追求简洁明快的设计，同时保证建筑的经济性。

12.2.3.2　建筑实例

1）阿诺斯 · 格罗夫地铁站（Arnos Grove Underground Station）

英国在两次世界大战之间最重要的建筑项目之一是伦敦地铁系统，查尔斯·霍登（Charles Holden）设计的阿诺斯·格罗夫地铁站具有鲜明现代主义特征的建筑。地铁站的设计和施工都注重实用功能与经济效益。建筑采用了圆形的混凝土悬臂结构的屋顶（图 12-30），现代欧式风格的红砖与玻璃高窗及钢筋混凝土形成简洁有力的几何造型，整个建筑几乎没有细节装饰（图 12-31）。阿诺斯·格罗夫地铁站是英国现代建筑和设计最集中的典范。

2）伦敦皇家园艺馆拱形屋顶（Royal Horticultural Hall）

这个时期比较重要的现代主义建筑还有霍华德·罗布逊（Howard Morly Robertson）和约翰·伊顿（John Murray Easton）在 1928 年设计的伦敦皇家园艺馆的屋顶（图 12-32）。屋顶结构采用了预应力钢筋混凝土，高高的抛物线使得室内空间通透而优美，为混凝土在建筑上的应用开辟了新的途径。

3）伦敦芬斯伯里健康中心（Finsbury Health Centre）

芬斯伯里是伦敦最贫穷的地区之一，20 世纪 30 年代大多数居民因饮食缺乏维生素而导致发病和死亡率的上升。伦敦芬斯伯里健康中心建于 1935 ~ 1938 年，由俄罗斯建筑师贝特洛·莱伯金（Berthold Lubetkin）设计（图 12-33），中心的构思是让人们在就医时感到舒适，人们可以在不知不觉中行走，在任何时间看病治疗都能感受到轻松的氛围。

莱伯金希望中心像一个俱乐部，建筑采用开放式的内部结构，设计采用了玻璃砖和许多大窗户（图 12-34）。

该中心的内部是明亮的红色和冰蓝，目的是与周围的贫民窟的阴暗对比色，使人们在康复中心不再忧郁，大片的玻璃幕墙营

图12-30 简洁有力的几何造型

图12-31 红砖、混凝土和玻璃的结合

图12-32　伦敦皇家园艺馆室内
图12-33　张开双臂的芬斯伯里健康中心

图12-34　健康中心入口
图12-35　大面积玻璃砖墙的使用

造阳光灿烂的日子（图 12-35），建筑外形像两只张开的双臂和足，给人以诚实和热情的感觉。

诊所采用了活动隔墙保证内部空间最大限度的灵活性，莱伯金预见到在未来几年里，医疗技术的变化将需要建筑很容易地适应临床医生的新需求，建筑的管道、布线都有可调整的空间。该中心的灵活设计表明 20 世纪 30 年代的英国设计师已具有相当超前的设计理念。

芬斯伯里健康中心一直被誉为社区医疗和设计的典范。作为一个伟大的和具有人文关怀意义的建筑，1970 年芬斯伯里健康中心被列为英国一级保护建筑。

4）皇家业余运动家游艇俱乐部（Royal Corinthian Yacht Club）

由约瑟夫·恩伯顿（Joseph Emberton）在 1931 年设计的位于克劳奇河畔的皇家业余运动家游艇俱乐部，最早是供船员们做航海计划和赛事而设计的，后成为私人会员俱乐部（图 12-36）。

建筑采用退台的三层楼，与水面保持空间上的联系，二、三层的平台使人能够凭栏远眺，室内外的空间渗透也使建筑更具活力，简洁的建筑体型和明快的色彩使其成为英国早期现代建筑的典型案例。

5）伦敦动物园企鹅馆（London Zoo Penguin Pool）

俄罗斯建筑师贝特洛·莱伯金是英国现代主义运动的先驱，其工作涉及许多工程项目，他 1934 年为伦敦动物园设计的企鹅泳池保留至今。

莱伯金在企鹅馆的设计中创造性地探索混凝土材料使用的可能性，同时研究企鹅的生活习性，用企鹅们嬉戏玩耍的混凝土双螺旋坡道，轻盈优美地盘旋于空中，简单直接地适应了企鹅这种“迈不开步”的动物特点（图 12-37、图 12-38）。企鹅池在完美适应企鹅的特殊生活需求的同时，也能够为参观者提供一个极具吸引力的环境，使观众体验到多样化的参观视角和风格真实透明的现代主义建筑。

图12-36　退台产生的活动平台

设计中不同水平层次的连接斜坡均为椭圆形状，营造出静态建筑空间中充满动感的拱形斜坡结构体量，给结构工程师带来巨大的挑战。

巨大的椭圆形蓝色水池为企鹅们提供了充足的游泳区域，恬静的浅蓝色池水与建筑物所使用的白色混凝土形成鲜明对比。部分有遮蔽的地区是为这些企鹅提供躲避太阳光直射的保护措施，弯曲的墙面可以缓和企鹅们活动时发出的叫声。这些实际使用方面的考虑，包括架设于水池上面的双螺旋坡道结构，都彰显出了形式和美学的完美结合（图 12-39）。现在企鹅馆被列为英国重要的建筑文化遗产。

图12-37　混凝土双螺旋坡道
图12-38　愉快玩耍的企鹅宝宝
图12-39　色彩及形状的穿插对比

12.2.4 粗野主义建筑

“粗野主义”是20世纪50年代下半期到60年代兴起的建筑设计倾向。粗野主义这个名称最初是由一对英国现代派建筑师史密森夫妇（Alison and Peter Smithson）于1954年提出的。粗野主义是指在建筑构造上、在立面处理上，都突出混凝土材料的“粗野”感，作为一种现代建筑审美的新类型，设计以大量采用水泥预制板、在浇筑的混凝土立面保留模板痕迹的粗糙表面、裸露钢铁或者钢筋混凝土框架、采用夸张而粗壮、雕塑感很强的结构为特点，达到充分体现钢筋混凝土的内涵和精神。

12.2.4.1 建筑特点

1）粗野主义同纯粹主义一样，以表现建筑自身为主，讲究建筑的形式美，常采用立体构成的设计手法。

2）把表现与混凝土性能及质感有关的沉重、质朴和粗糙作为建筑美的标准。

3）以大刀阔斧的手法使建筑外形形成粗野的面貌，突出表现混凝土“塑型”的特征。

12.2.4.2 建筑实例

1）公园山公寓（Park Hill）

谢菲尔德是英国人口第三大城市，从19世纪开始以钢铁制造业闻名。第二次世界大战期间，由于德国空军摧毁了城内大部分工业设施，为解决大量的工人住房问题，政府主导了公共住房计划，城市地标之一“公园山公寓”便诞生于此时。

公园山公寓是一组大型的人工住宅，由建筑师杰克·琳恩和艾弗·史密斯（Jack Lynn，Ivor Smith）负责设计，项目于1961年6月完工。公园山公寓是英国建成最早和体量最大的粗野主义建筑之一，其规模相当于马赛公寓大楼的3倍（图12-40、

图 12-41）。裸露的混凝土框架构成彼此连接的四个建筑体块，总共可以容纳 3000 人以上（图 12-42）。它的基本构思是每 3 层才有一条交通性的走廊，这条走廊是外廊式的，并被拓宽为一条又宽又长的“街道平台”（图 12-43）。毛糙的混凝土、沉重的构件以及相互间的直接组合简朴而粗犷，是典型的粗野主义建筑风格。

2）伊丽莎白女王大厅（Queen Elizabeth Hall）

伊丽莎白女王大厅是在伦敦南岸英国艺术中心，主要用于古典、爵士、前卫音乐和舞蹈表演（图 12-44）。由建筑师杰克·惠特尔、F.G 韦斯特和杰弗里·霍塞佛（Jack Whittle，F.G West and Geoffrey Horsefal）设计，于 1967 年 3 月对公众开放。

设计的目的是高度展示建筑的独立性和元素，建筑外立面采用最少的装饰和极少量的开窗（图 12-45）。混凝土“船头”将空调管道凸向泰晤士河，门厅一层和大堂由八角形的钢筋混凝土柱支撑，巨大的体量和朴实的混凝土材料在设计突出了粗野主义的风格（图 12-46、图 12-47）。

图12-40　巨大的住宅体量

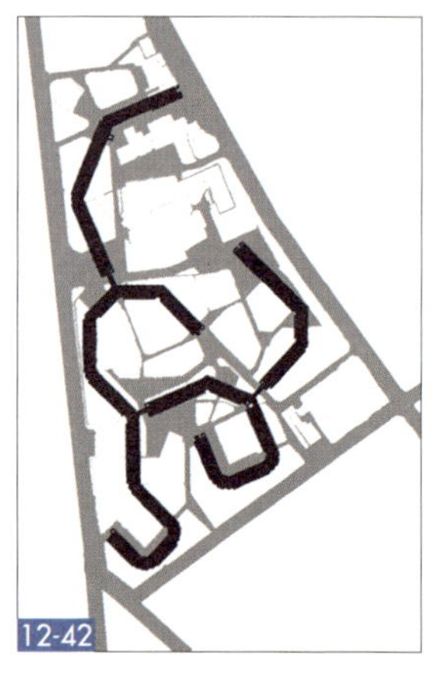

图12-41　裸露的混凝土立面

图12-42　四个建筑群组合成蛇形

图12-43　建筑外廊

图12-44　独立于周围环境的南岸艺术中心
图12-45　墙面几乎无装饰与开窗

图12-46　野味十足的混凝土墙面
图12-47　八角混凝土柱支撑的空间

3）巴比肯屋邨（Barbican Estate）

巴比肯屋邨1952年开始筹建，由著名现代建筑公司张伯伦、鲍威尔与本恩公司（Chamberlin，Powell and Bon）承建。设计方案随着时代的变化持续修改，从自给自足的垂直花园的城市模型，到结合学校、旅馆和公共空间的建筑群，发展至考虑未来居民属于重视文化的中上层阶级而打造的艺术中心，最终于1971年开工，1982年落成。新的建筑群被命名为巴比肯屋邨，整个建筑群占地14万平方米，除了高层和多层居住用房外，还包括学校、博物馆、青年会设施、消防站、诊所、音乐学院、图书馆、美术馆和大型的艺术表演场所——后三项构成了巴比肯艺术中心（图12-48、图12-49）。

建筑材料主要采用粗犷的钢筋混凝土，带给人一种毛糙、沉重的原始感。巴比肯屋邨的建筑群首次把人行平台和建筑群都抬高到车道之上的设计，这项创举一方面加强了建筑之间的联系，又可方便人们自由行至小区内的每一所建筑，同时也营造出了静谧的生活环境（图12-50、图12-51）。如同堡垒般的建筑群设计让人十分具有安全感，社区犯罪率极低。

巴比肯屋邨有大量的树木和灌木，室外的聚焦点是长方形的人造湖与临湖的公园，非常幽静平和，大型水景是居民点散步、阅读和野餐的公共空间（图12-52、图12-53）。2001年9月，英国文化部宣布将巴比肯建筑群定为“二级文物”，列入理由是整个建筑群的规模、整体性和设计的气魄。

12.2.5 后现代建筑

20世纪60年代以来，在美国和西欧出现了反对或修正现代主义建筑的思潮。第二次世界大战结束后，现代主义建筑成为世界许多地区占主导地位的建筑潮流。但是在现代主义建筑阵营内

图12-48　具有城市综合体功能的巴比肯屋邨
图12-49　巴比肯屋邨入口之一
图12-50　安静的住区公共空间

图12-51　质朴粗犷的建筑立面

图12-52　巴比肯屋邨中的景观及休憩空间

图12-53　大楼间的人行平台

部很快就出现了分歧，一些人对现代主义的建筑观点和风格提出怀疑和批评。美国建筑师罗伯特·文丘里（Robert Venturi）批评现代主义建筑师热衷于革新而忘了自己应是“保持传统的专家”。文丘里提出的保持传统的做法是“利用传统部件和适当引进新的部件组成独特的总体”，“通过非传统的方法组合传统部件”。他主张汲取民间建筑的手法，特别赞赏美国商业街道上自发形成的建筑环境。文丘里概括说：“对艺术家来说，创新可能就意味着从旧的现存的东西中挑挑拣拣”。另一位美国建筑师罗伯特·斯特恩（Robert Arthur Morton Stern）提出后现代主义建筑有三个特征：采用装饰、具有象征性或隐喻性、与现有环境融合。实际上，人们并无一致的理解，后现代主义建筑的主要特征可以是一个片段、一种装饰或一个象征，这就是后现代主义建筑师的基本创作方法。

经过20世纪70年代的能源危机，许多人认为现代主义建筑并不比传统建筑经济实惠，需要改变对传统建筑的态度。也有人认为现代主义反映产业革命和工业化时期的要求，而一些发达国家已经越过那个时期，因而现代主义不再适合新的情况了，他们寄希望于后现代主义。

反对后现代主义的人士则认为现代主义建筑会随时代发展，不应否定现代主义的基本原则。他们认为：现代主义把建筑设计和建筑艺术创作同社会物质生产条件结合起来是正确的，主张建筑师关心社会问题也是应该的。相反，后现代主义者所关心的主要是装饰、象征、隐喻传统、历史，而忽视许多实际问题。后现代主义者搞的是新的折中主义和手法主义，是表面的东西。因此，反对后现代主义的人认为：现代主义是一次全面的建筑思想革命，而后现代主义不过是建筑中的一种流行款式，不可能长久，两者的社会历史意义不能相提并论。

不管双方的争议如何，后现代主义建筑作为历史上的思辨的存在，建筑形式方面突破了常规，有些作品还是具有启发性的，一定程度上丰富了建筑和城市的面貌。

12.2.5.1 建筑特点

1. 重新确定历史传统的价值，建筑追求隐喻及象征；
2. 常采用古典建筑元素作为装饰或者片段；
3. 建筑形式走向多元、大众与通俗化；
4. 设计具有开放性与折中性，主张二元论；
5. 通过部件重组的方式将整体建筑打碎形成独特的效果。

12.2.5.2 建筑实例

1）主祷文广场（Paternoster Square）

主祷文广场区域曾在第二次世界大战中被严重破坏，重建总体规划由 W·霍尔福德勋爵（Lord William Holford）于1955~1962 年提出，许多建筑设计师参与了规划的具体实施（图 12-54、图 12-55）。

整个区域由 W. 霍尔福德勋爵负责总协调，布局上以一个大的中央广场为中心，通过城市人行道穿过规整的街区连接城市周边区域。规划中采取办公和商业混合的模式。主广场纪念碑是 75 英尺高的科林斯柱，顶有金箔覆盖并有夜间照明（图 12-56）。

在这个项目上，建筑设计有着强烈的情感色彩，建筑采用了象征符号的壁柱和几何形式的柱廊，底层柱廊之间有波普艺术风格的人头石柱（图 12-57），在建筑四周还布置了现代雕塑（图 12-58）。各式各样的柱廊和现代建筑形式的搭配是后现代建筑构件重组的表现形式，建筑物的山花、窗和壁柱采用了古典的隐喻符号。视觉上的多角度变化试图打破立面的单调，创造多元的建筑空间视角，充分地体现了后现代主义多元化、通俗化的特点。

2）伦敦国家美术博物馆塞恩斯伯里翼楼（Sainsbury Wing National Gallery，London）

伦敦国家美术博物馆塞恩斯伯里翼楼位于伦敦市威斯敏斯特城的特拉法尔加广场，建于 1991 年。由后现代主义建筑大师罗伯特·文丘里设计（图 12-59、图 12-60）。建筑墙面处理采用了传统建筑元素和装饰细节，与现代结构浑然一体（图 12-61），特别是在建筑立面上使用大量的方形科林斯壁柱，使他的作品具有强烈的古典气息。整个建筑与老馆非常谐调，具有独特的历史韵味，是英国后现代主义建筑的重要代表作之一。

图12-54　主祷文广场鸟瞰
图12-55　建筑立面的古典符号

图12-56　主广场纪念柱
图12-57　建筑底层的人头石柱

图12-58 建筑周边的雕塑

图12-59 伦敦国家美术博物馆

图12-60 古典主义风格的建筑细部

图12-61　金字塔式入口

3）家禽街 1 号（No.1 Poultry）

英国建筑设计大师詹姆斯·斯特林（James Stirling）设计的家禽街 1 号大楼是伦敦的办公和零售大厦，始建于 1985 年，1998 年落成（图 12-61）。建筑在设计上采用了对称中轴的布局形式，建筑底层是一个极似金字塔的入口。位于前方的塔楼突出明显，带有罗马典礼柱式的噱头，重组的建筑的构件较为复杂，华丽的风格与周围建筑形成一定的对比（图 12-62）。建筑用色大胆，采用粉色和黄色相间的固定条纹和大块色彩，像是在玩颜色游戏。这栋建筑是英国后现代主义的又一代表，也是英国延续 15 年后现代主义建筑风格的终结。该建筑在 2016 年 11 月 29 日被宣布成为国家保护建筑。

图12-62　重组的建筑构件和色彩对比

12.2.6　高技派建筑（High-Tech）

高技派，亦称“重技派”。“高技派”这一设计流派形成于20世纪中叶，当时，美国等发达国家要建造超高层的大楼，混凝土结构已无法达到其要求，于是开始使用钢结构。为减轻荷载，又大量采用玻璃，这样，一种新的建筑形式形成并开始流行。到 20 世纪 70 年代，设计师开始把航天技术上的一些材料和技术掺和在建筑技术之中，用金属结构、铝材、玻璃等技术结合起来构筑成了一种新的建筑结构元素和视觉元素，逐渐形成一种成熟的建筑设计语言，因其技术含量高而被称为“高技派”。

设计的主要特点是突出当代工业技术成就，并在建筑形体和室内环境设计中加以炫耀，崇尚“机械美”。在室内暴露梁板、网架等结构构件以及风管、线缆等各种设备和管道，强调工艺技术与时代感，热衷于用金属、塑料、玻璃、钢铁等工业时代的材料来装配家居，善于通过技术的合理性和空间的灵活性来极力宣扬机械美学和新技术的美感，“高技派”以崇尚“机械美学”和新技术带给人们审美上的重大改变。

英国的建筑师们在“高技派”建筑的发展中做出了巨大的贡献，出现了两位具有国际影响意义的高技风格世界大师：理查德·罗杰斯（Richard Rogers）和诺曼·福斯特（Norman Foster），他们在英国和世界范围的建筑实践是建筑史上的重要财富。

高技派是英国现代建筑中非常有影响的一支，进入 21 世纪之后，高技派出现了和新现代主义结合的情况，使得新现代主义建筑更加富有特色。外表看似冰冷的机械美学，被赋予了更多人性的光环，将感情注入空间，用技术来装点生活，是设计师们理性推理之上的空间表达方式，某种程度上充满了对未来的创想。

12.2.6.1 建筑特点

强调机器美学和新技术的美感，主要表现在三个方面：

1. 提倡采用最新的材料如高强钢、硬铝、塑料和各种化学制品来制造体量轻、用料少，能够快速与灵活装配的建筑；

2. 强调新时代的审美观应该考虑技术的决定因素，力求使高度工业技术接近人们习惯的生活方式和传统的美学观，使人们容易接受并产生愉悦；

3. 钢与玻璃的大量应用及钢结构外露；

4. 金属表皮的运用；

5. 强调系统设计（Systematic Planning）和参数设计（Parametric Planning），主张采用与表现预制装配化标准构件；

6. 认为功能可变，结构不变。表现技术的合理性和空间的灵活性既能适应多功能需要又能达到机器美学效果。

12.2.6.2 建筑实例

1）伦敦BBC 4频道总部大厦（Channel 4 HQ London）

伦敦BBC 4频道总部大厦位于西敏寺霍斯弗利路124号，建于1994年。它的设计者是高技派建筑师理查德·罗杰斯（图12-63）。建筑采用钢结构和玻璃幕墙，并且大胆地将结构部分裸露在外面（图12-64）。钢材与玻璃给人冰冷的科技感，外挂的观光电梯间和金属质感的立面都让建筑呈现出高科技含量（图12-65），楼梯和管道被暴露并且作为建筑的细部，建筑语汇充满机械美学（图12-66、图12-67）。

2）劳埃德大厦（Lloyd's of London）

劳埃德大厦位于伦敦金融区的干道上，是一座保险公司的办公大楼，设计为建筑师理查德·罗杰斯，建于1978年，1986年落成（图12-68、图12-69）。

主楼布置在靠北面，地面以上空间为12层。主楼中部是一个开敞的中庭，四周为跑马廊围绕，所有主要办公空间均沿跑马廊布置。中庭上部是一个拱形的玻璃天窗，从大厅地面到中庭顶部高到72米。大厅内有交叉上下的自动扶梯，四周均为金属装修（图12-70、图12-71）。

大厦内共安装有12部玻璃外壳的景观电梯，建筑外观由2层钢化玻璃幕墙与不锈钢外装修构架组成，表现了机器美学特

图12-63　BBC总部大厦
图12-64　入口玻璃幕墙

图12-65　外挂观光电梯

图12-66　外露的楼梯与管道

图12-67　充满机械美感的建筑入口

图12-68　劳埃德大厦

图12-69　金属表面
图12-70　巨大的柱和自动扶梯

图12-71　通高的中庭

图12-72　暮色下的建筑多了一份温馨

征。大厦内部楼板均支撑在 10.8 米见方的钢筋混凝土井字形格架上，由巨大的圆柱支撑，柱内为钢筋混凝土结构，外部以不锈钢皮贴面。建筑内对照明、通风、空调和自动灭火喷水等设备均作了较细致的处理，建筑构件也遵循一定的模数设计，反映了建筑高技化的特点（图 12-72、图 12-73）。

3）希思罗机场5号航站楼（Heathrow Airport Terminal 5）

伦敦希思罗机场 5 号航站楼是英国航空公司的航站楼，设计始于 1989 年，由著名设计师理查德・罗杰斯设计，2008 年投入使用。机场设施包括餐厅、商店、酒店、租车服务、商务服务、停车场等，有地铁站直接连接到伦敦市中心。

罗杰斯在设计中仍然采用了钢和玻璃为主要材料，与普通办公大楼不同，由于机场的空间巨大，设计采用钢架、钢柱的尺度也更加粗犷和大胆，设计师还赋予这些构件以丰富的颜色，使其成为室内装饰的重要元素（图 12-74～图 12-79）。

图12-73　航站楼内庭院

图12-74　航站楼内部空间
图12-75　候机厅内部

图12-76　色彩和钢构架共同成为室内的装饰要素

图12-77　立面金属与钢的细腻结合

图12-78　室内空间裸露的大尺度钢结构

图12-79　粗犷钢结构节点

12.2.7 绿色建筑

进入 21 世纪以来，随着全球气候的变暖，世界各国对建筑节能的关注程度日益增强。人们越来越认识到，建筑使用能源所产生的 CO_2 是造成气候变暖的主要来源。1990 年世界首个绿色建筑标准在英国发布，1992 年“联合国环境与发展大会”使可持续发展思想得到推广，绿色建筑逐渐成为发展方向。

绿色建筑即为可持续发展建筑，其界定的主要标准是在整个建筑使用周期内能够节能、低碳排放。为了达到这个目的，建筑在选址、设计、建造、运作、维护、翻新、拆除等方面都需要考虑到环境保护这个前提，建筑本身也要求符合经济性、实用性、坚固性、舒适性的要求。国际上对绿色建筑的设计，基本是从三个方面要求的：高效能的使用能源、水和其他资源，保护建筑使用者的身体健康和提高使用效率，减少污染排放和保护周边环境。

英国作为最早发布绿色建筑标准的国家，在绿色建筑的实践和探索上取得了较为瞩目的成果，建筑设计非常注重采用新建筑材料，尤其是简单高效的维护结构和高能效暖通系统，并且尽可能运用可再生能源。

这些建筑似乎在宣告着英国建筑正在进行另一次工业革命，成为全球绿色及可持续建筑的先锋。

12.2.7.1 建筑特点

1. 充分利用太阳能、热水及风力发电装置，利用环境提供的天然可再生能源，为建筑物减少碳排放量；

2. 采用节能的建筑围护结构，减少采暖和空调的使用；

3. 设计、建造、使用要减少资源消耗，注重水资源的回收利用；

4. 注重建筑用材的强度、耐久性、围护结构性能、保温、防水等特性；

5. 采用低污染材料，考虑资源的合理使用和可再生利用；

6. 处理好声、光、热、日照与通风等物理问题，应尽量采用自然采光与通风；

7. 建筑采用适应当地气候条件的平面形式及总体布局，根据自然通风的原理设置风冷系统，使建筑能够有效地利用夏季的主导风向；

8. 绿色建筑外部要强调与周边环境相融合，做到保护自然生态环境。

12.2.7.2 建筑实例

1）伦敦贝丁顿零碳社区（Beddington Zero Energy Development）

伦敦贝丁顿零碳社区由世界著名低碳建筑设计师比尔·邓斯特（Bill Dunster）设计。社区位于伦敦西南的萨顿镇，占地 1.65 公顷，包括 82 套公寓和 2500 平方米的办公和商住面积（图 12-80）。社区内通过巧妙设计，使用了可循环利用的建筑材料、太阳能装置、雨水收集设施等措施（图 12-81）。

贝丁顿社区采用零能耗的采暖系统，大大降低了成本。英国夏季温度适中，但冬季寒冷漫长，针对这一特点各建筑物紧凑相邻，以减少建筑的总散热面积。另外，建筑墙壁的厚度超过 50 厘米、中间有一层隔热夹层以防止热量流失、窗户选用内充氩气的 3 层玻璃窗、窗框采用木材以减少热传导等都是降低采暖成本的手段。屋顶上的“烟囱”是热回收式风能驱动换气扇，是以风为动力的自然通风管道，能挽回 70% 的热通风损失（图 12-82）。此外，每户住宅都设计有朝阳的玻璃房，可以最大限度地吸收阳光带来的热量（图 12-83）。屋顶采用光能电板，

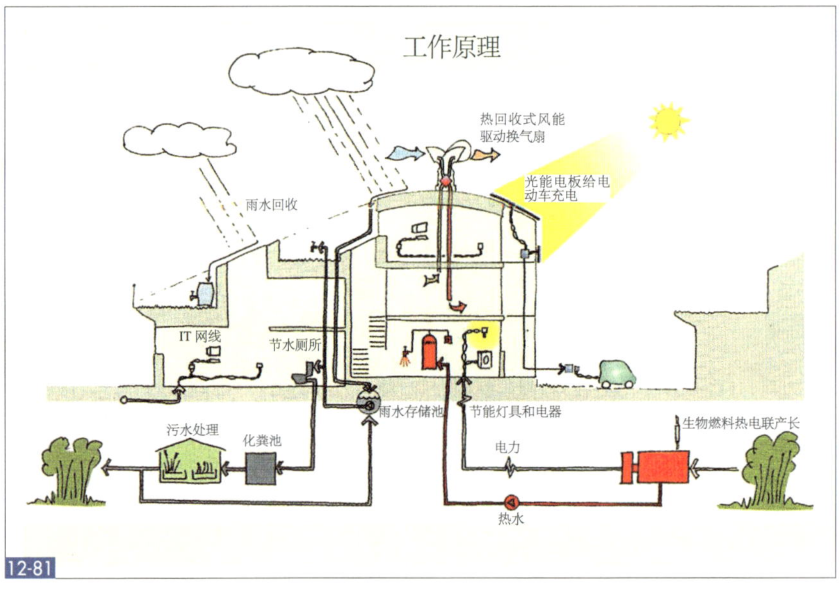

图12-80　贝丁顿社区

图12-81　可循环利用的各种能源

图12-82　屋顶风帽

图12-83　大面积朝阳玻璃房

可以解决室内用电并为电动车充电。

贝丁顿社区采用热电联产系统为社区居民提供生活用电和热水，热电联产发电站使用木材废弃物发电，其来源包括周边地区的木材废料和邻近的速生林。

为了减少资源消耗的居家生活，实现对水资源的充分利用，社区建有独立完善的污水处理系统和雨水收集系统。生活废水被送到小区内的生物污水处理系统进行净化处理，部分处理过的中水和收集的雨水被储存后用于冲洗马桶。为减少居民出行，社区内的办公区为部分居民提供了在社区内工作的机会，公寓和商住、办公空间的联合开发，使这些居民可以从家中徒步前往工作场所，减少社区内的交通量。该项目将众多节能减排的措施集中于一个小生态村中，理念超前且颇具创意，切实有效地减少了 CO_2 的排放量，如今已成为世界低碳建筑领域的标杆式先驱。

2）康沃尔郡伊甸园（Eden Project）

伊甸园是在英国南部康沃尔郡废弃的矿山上兴建的，由建筑师尼古拉斯·格雷姆肖（Nicholas Gramshaw）设计，是全球最大的生态温室，于2001年对公众开放（图12-84）。

图12-84　康沃尔郡伊甸园

伊甸园主要由 8 个充满未来主义色彩的巨大蜂巢式穹顶建筑构成，其中每 4 座穹顶状建筑连成一组，伊甸园的穹顶由轻型材料制成。

其中“潮湿热带馆”的馆身甚至比馆内空气的总重量还轻，大大减少了建筑的材料用量。穹顶架由钢管构成，拼成尺寸 9 米大小的六角形天窗，天窗中间铺设半透明的乙烯 - 四氟乙烯共聚物薄膜材料（ETFE）（图 12-85、图 12-86）。ETFE 材料具有抗酸、抗碱、耐久性优良的特点，同时不会对环境造成污染。在一定的光照条件下，这些大温室时而看起来像一些巨大的、闪闪发亮的肥皂泡，穹顶状建筑内仿造地球上各种不同的生态环境，展示了不同的生物群，容纳了成千上万的奇花异草（图 12-87）。

3）伦敦新市政厅（City Hall London）

伦敦市政厅位于泰晤士河南岸，毗邻塔桥，是由福斯特及合伙人建筑事务所（Foster and Partners）设计的，2002 年完工，是英国首都最具有象征性的重要新建筑物之一。

这座十层楼的建筑物提供了近 18000 平方米的可使用面积，容纳了议会大厅、各部门办公室和公共设施以及市长、议员、市政府工作人员的办公室（图 12-88）。

议会大厅主要朝北，可以观赏泰晤士河对面的伦敦塔和塔桥。外墙采用具有很强开放性的玻璃墙，其意图在于强调政府工作的透明度。建筑同时拥有向大众开放的共享空间，大楼顶层有一个能灵活适应各种活动需要的开放场所，可用于举办展览和各种活动，是个视野条件非常好的观景平台。建筑的底层有一个带有咖啡馆等休闲设施的广场，大楼的垂直交通体系由电梯和平缓的坡道组成，为人们高效率地利用这座建筑内的各种设施提供了最大限度的便利（图 12-89、图 12-90）。

图12-85　温室穹顶

图12-86　钢架支撑的六边形半透明膜材料

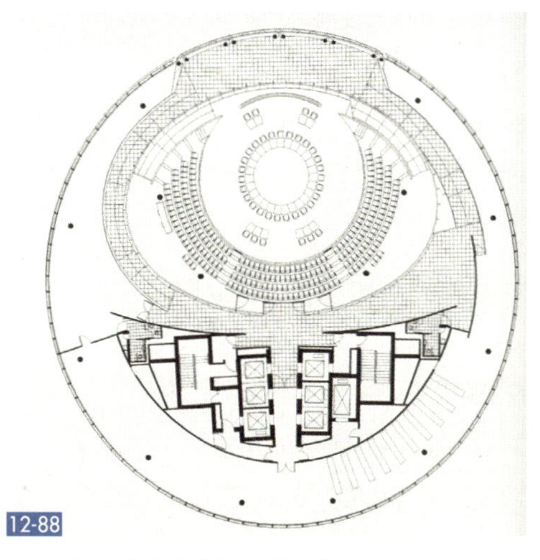

图12-87 透光性良好的ETFE材料
图12-88 市政厅平面图
图12-89 开放的议会大厅

图12-90　盘旋而上的坡道

建筑体型是一个变形的球体，是通过计算和验证来尽量减小建筑暴露在阳光直射下的面积，以获得最优化的能源利用效率。设计过程中采用了实验模型，通过对全年阳光照射规律的分析得到了建筑表面的热量分布图，这一研究结果成为建筑外表面装饰工程设计的重要依据。

此外，建筑物还采用了一系列主动和被动的遮光装置，建筑物斜着朝向南面，采用这种朝向可以在保证内部空间自然通风和换气的同时，巧妙地使楼板成为重要的遮光装置之一（图 12-91）。建筑的冷却系统充分利用了温度较低的地下水以降低能耗。大楼内设有机房，能够从地层深处抽取地下水，向上通过深井输送到冷却系统中，然后再送入底层冷却，循环利用。通过诸如此类的节能技术的配合使用，可以保证建筑并不需要常规的冷气设备，同时在比较寒冷的季节也不需要额外的供暖系统。用来调节大楼温度的水，会进入厕所成为冲马桶用的水流。大楼的供暖和冷却系统的能源消耗仅相当于配备有典型中央空气调节系统的相同规模的办公大楼的四分之一，是真正意义上的“绿色环保建筑”。这项设计达到了英国最严格的节能标准。立面设计将光伏电池整合到建筑中，设置多面镜子以反射光源，充分节省能源。伦敦新市政厅的设计力求能够表达国家民主制度实施过程的公开性，同时也显示了作为一座公共建筑在整体上可持续性的潜能，是绿色环保建筑的典范（图 12-92）。

4）瑞士再保险总部大楼（Swiss Reinsurance Company Ltd）

瑞士再保险总部大楼位于英国伦敦的金融城，绰号“小黄瓜”，由诺曼·福斯特设计，2002 年起兴建，2003 年 12 月完成，2004 年 4 月 28 日正式启用。该建筑彻底改变了伦敦的天际线，被誉为 21 世纪伦敦最佳建筑之一（图 12-93）。

大楼采用圆形周边放射平面，外形像一颗子弹，每层的直径随大厦的曲度而改变，之后续渐收窄。建筑看起来比同样面积的矩形塔楼纤细，在建筑的底层形成了最大化的公共区域（图 12-94），全玻璃表皮也使建筑能够更好地接收阳光。

大楼由双层低反光玻璃作外墙以减少过热的阳光，里面有六个三角形天井，作用是增加自然光的射入（图 12-95）。因为大楼的旋转型设计，所以光线并非直接照射，光线由每层旋转型的楼层则照，有散热的功能（图 12-96）。新鲜空气可以利用每层旋转的楼层空位，通遍整座大楼。大楼采用了很多不同的高新技术和设计，它较同样的建筑节能一半以上。

大楼配备有由电脑控制的百叶窗，楼外安装有天气传感系统，可以监测气温、风速和光照强度。在必要的时候，大楼会自动开启窗户，引入新鲜空气。按照著名的 LEED 评级制度，大楼从场址规划的可持续性、保护水质和节水、能效和可再生能源、节约材料和资源、室内环境质量等五个方面均达到较高标准。

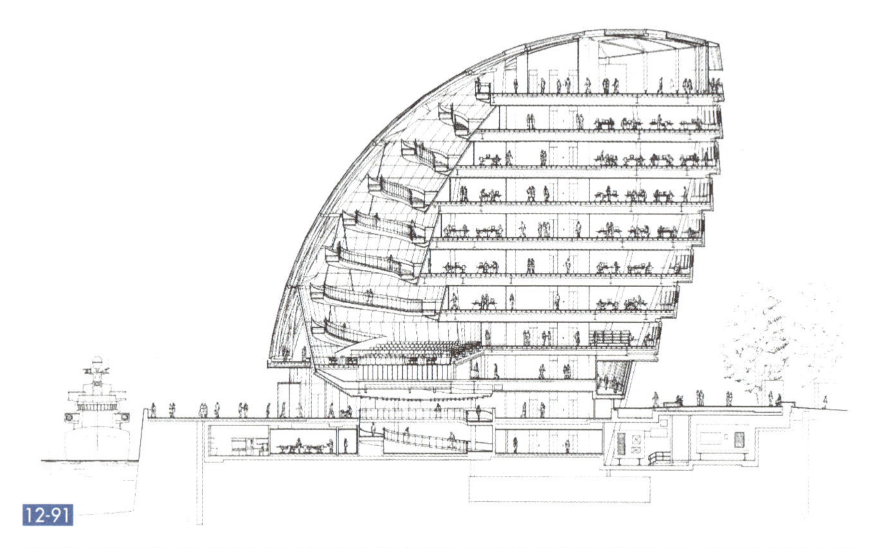

图12-91　议会厅剖面图
图12-92　市政厅前的广场

图12-93　传统与现代的对话

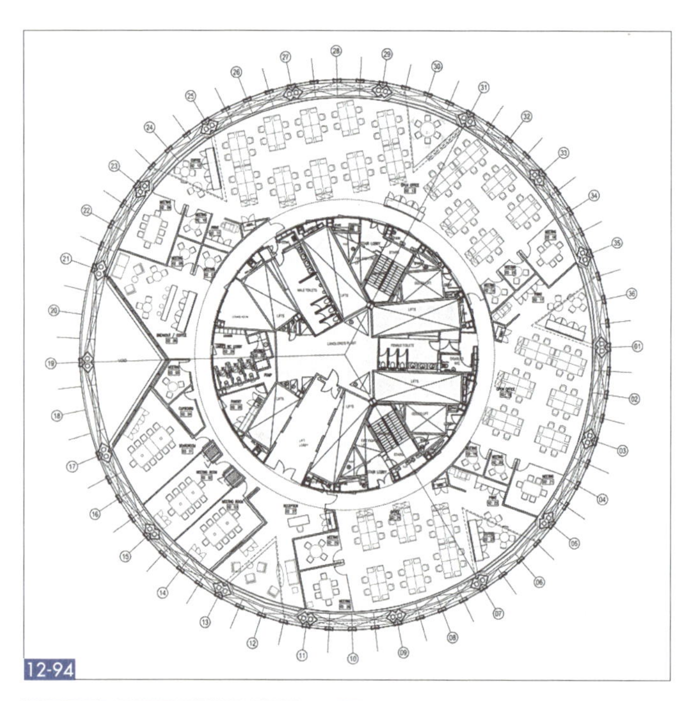

图12-94　大楼平面图

图12-95　三角形采光天井

图12-96　会呼吸的幕墙

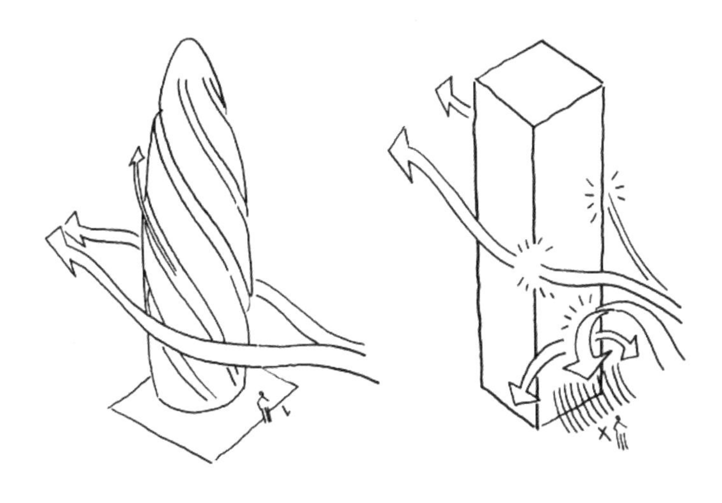

图12-97　空气动力学原理演示

曲线形在建筑周围对气流产生引导，使其缓和地通过，这样的气流被建筑边缘锯齿形布局幕墙上的可开启窗扇所“捕获”，帮助实现自然通风（图 12-96）。为避免气流在高大建筑前受阻产生的强烈旋气流，其形态经过电脑模拟和风洞试验，由空气动力学决定其外观形态（图 12-97）。

立面上的 6 条深色螺旋线所标示的是 6 条引导气流的通风内庭，明确地体现了建筑内部的逻辑，同时也是该建筑得以使用自然光照明并使室内保持视觉上和感官上联系、打破层与层界限的共享空间。所以无论是在表皮，还是在建筑内每层平面的布局中，这样的螺旋状布局都扮演着极其重要的角色。建筑外围护结构被分解成平板三角形和钻石形玻璃，构成了一套十分复杂的幕墙体系，这套体系按照不同功能区对照明、通风的需要为建筑提供了一套可呼吸的外围护结构，同时在外观上标明了不同的功能安排，使建筑自身的逻辑贯穿于建筑的内外和设计的始终。

办公区域幕墙由双层玻璃的外层幕墙和单层玻璃的内层幕墙所构成，在内外层之间是通风空道，并加有遮阳片。通风道起到气候缓冲区的作用，减少额外的制冷和制热，建筑物内良好的通风设计减少了空调的使用。螺旋形上升的内庭区域幕墙则由可开启的双层玻璃板块组成，采用灰色着色玻璃和高性能镀层来有效地减少阳光照射。建筑独特的外形是为了尽量缩小外墙表面积，减少冬天热量的损失和夏天热量的增加，最大限度地使用玻璃幕墙，让阳光尽可能进入室内，实现自然照明（图 12-98）。

设计师诺曼·福斯特秉承了一贯的环保设计理念，通过自然通风，使用节能照明设备，采用被动式太阳能供暖设备等方式来节能，使摩天大楼比普通的办公大楼要节省 50% 的能源损耗，是一个绿色而讲求高科技的杰作，诺曼·福斯特因此获得了 2004 年英国皇家建筑师学会的斯特林奖。

5）伦敦碎片大厦（The Shard）

碎片大厦位于伦敦泰晤士河南岸，2009 年 3 月开始建设，2012 年 7 月竣工，2013 年正式对公众开放。大厦一共 95 层，高达 309.7 米，是目前英国最高的建筑。碎片大厦的整体形态看起来就像一座玻璃金字塔，底座宽大，逐渐向上收窄，顶部是下宽上窄锯齿状尖塔更是独具特色（图 12-107～图 12-109）。最后顶部的塔尖消失在空中，就像 16 世纪的小尖塔或高桅横帆船的桅杆（图 12-99、图 12-100）。建筑的形式以伦敦具有历史性的尖顶和桅杆为基础而设计，建筑设计师伦佐·皮亚诺（Renzo Piano）在设计中考虑了许多环保细节，让这座超高层建筑变得绿色节能。覆盖在大厦上面的 1.1 万片玻璃板，为大厦提供了良好的自然光，节约了用于照明的能源。每个玻璃窗装上遮光帘，会随着阳光的强弱自动降下，调节室内亮度（图 12-101）。

图12-98 再保险总部大楼全景

图12-99　形似尖塔的建筑造型
图12-100　逐渐消失的塔尖
图12-101　立面细部

此外，大厦内还配备“热电联产发电机”，在燃烧天然气发电的同时，散发的热量被收集起来为大厦提供热水，与电网供电相比，还减少了电力输送过程中的损耗。“热电联产发电机”的功率为 1.1 兆瓦，可满足大厦的基本需求，只有当电力需求超过这个程度，才会使用城市电网的电力。就节能减排方面的效益综合来看，这座大厦的碳排放量在类似建筑中属“卓越”水平，大厦所体现的绿色理念是引领世界建筑设计的风向标。该大厦的建成使得伦敦的天际轮廓线发生很大改变，该大厦是目前西欧的第一高楼（图 12-110）。

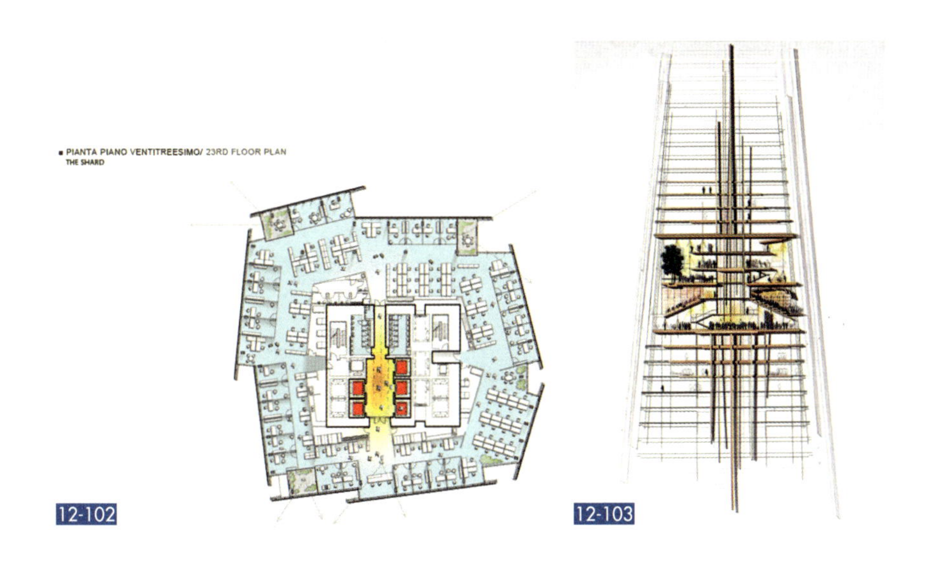

图12-102　体现建筑立面细节的平面设计
图12-103　大厦内部公共空间

图12-104 伦敦新的天际轮廓线

12.2.8 新现代主义多元化风格建筑

进入 21 世纪，英国的建筑设计更加百花齐放、异彩纷呈。这个时期后现代主义理念蒸发了，高技术理念也逐渐淡薄，不同风格特征的建筑正以不同面貌活力四射地展现在我们面前。

英国当代建筑的主要特点就是没有明显的主导型建筑形式和风格，建筑的风格相互交叉和重叠，很多时候可以看到秩序的混乱和风格的融合，建筑设计的外延在不断拓展，建筑探索更加深化和包罗万象。我们时而为看到喜爱的建筑兴奋激动，时而又会对建筑的混乱感到莫名其妙，这就是新现代主义建筑。它们在英国这片沃土上呈现出多元化的绚烂多彩，伦敦也成为世界上最有吸引力的建筑实验场之一。

12.2.8.1 建筑特点

1）没有固定的特征和风格；

2）结构体系的创新及参数化设计的应用；

3）新材料的发现和应用。

12.2.8.2 建筑实例

1）集装箱（住宅）城（Container City）

2002 年，伦敦老港区开发公司（LDDC）把三一码头地铁划为艺术开发区。开发商在建设时充分利用了码头上那些多余的集装箱，容器式的建筑可以灵活组装，并可以重复使用。

设计将集装箱原来的开口保留，作为阳台或者通往阳台的通道，外面增设楼梯，在集装箱上新开圆孔成为住宅的窗户（图 12-105）。

集装箱住宅的第一阶段都是“建筑结构”式的，住房缺乏浪漫情调。第二阶段的开发在结构和造型上加上更多设计元素，五颜六色的集装箱让整个社区看起来充满活力（图 12-106、图 12-107），这种建筑形式造价低廉且可回收再利用，受到很多设计师和开发商的欢迎。

2）格林尼治千禧村（Greenwich Millennium Village）

千禧村属于格林尼治住房总体规划的一部分，是为迎接 21 世纪的住宅计划，最早由理查德・罗杰斯提出，后来进行了修改，详细规划由厄斯金与托瓦特建筑师事务所（Ersking Tovatt Architects）完成。

住宅区由高层住宅楼和底层别墅组成，住房格局为混合型。建筑的色彩欢快热烈，住宅开发使用低能耗建筑技术和可再生能源技术，目前有自己的综合购物村、社区中心以及一个带有商铺的广场，千禧住宅区作为规模较大的低能耗绿色建筑社区具有一定的示范作用（图 12-108～图 12-111）。

3）伦敦千禧穹顶（Millennium Dome）

千禧穹顶位于伦敦东部泰晤士河畔的格林尼治半岛上，是英国政府为迎接新的千年而兴建的标志性建筑，由著名的理查德・罗杰斯事务所承担建筑设计，建于 2000 年（图 12-112）。该工程原先考虑建成临时性的，后经研究，这项工程不论是从周围市区的复兴，还是建筑交通基础设施的长期投资来说都具有很大价值，最后决定把它建成一个占地 73 公顷、总造价达 12.5 亿美元的大型综合性展览建筑。建筑包括一系列展示与演出的场

图12-105　集装箱住宅的阳台

图12-106　色彩缤纷的集装箱住宅

图12-107　内部连廊

图12-108　形式交叠的立面处理

图12-109　住宅区的中心广场

图12-110　变化的屋顶形式

图12-111　彩色涂料的应用

图12-112　泰晤士河畔的千禧穹顶

地以及购物商场、餐厅、酒吧等。穹顶直径320米，周圈大于1000米，有12根穿出屋面高达100米的桅杆，屋盖采用圆球形的张力膜结构。

膜材原先采用以聚酯为基材的织物，后考虑使用的耐久性而改用涂聚四氟乙烯的玻璃纤维织物。为了防止结露，又增加了能隔音、隔热的内层（图12-113）。室内最高处为50多米，容积约为240万立方米。它的屋面材料表面积10万平方米，仅为1毫米厚的膜状材料，却坚韧无比，同时它有卓越的透光性，可充分利用自然光（图12-114、图12-115）。

千年穹顶为迎接新千年的到来的庆典而建，备受瞩目，在建造过程中也受到了不少赞扬与批评，但其最终结构显示的美好形象成为伦敦代表性的建筑物之一，从空中鸟瞰，它如同泰晤士河畔的一颗珍珠（图12-116）。

4）千禧桥（Millennium Bridge）

千禧桥全称为伦敦千年桥，是为迎接新世纪诞生的又一重要建设项目。桥体横跨泰晤士河，桥的南端为泰特现代艺术馆，桥的北端紧邻圣保罗市大教堂。该项目由诺曼·福斯特和安东尼·卡罗设计，2000年6月建成（图12-117、图120）。

整个桥梁呈悬浮式吊桥结构，比起泰晤士河上那些巨大、凝重的石头水泥或钢铁桥墩来，这条“银带”仅靠离两岸不远的一对“Y”字形桥墩支撑着，没有任何刚性的大梁架在桥墩之间，两端各四根钢索挂在桥墩之间，分别托在“Y”字形的两臂上（图12-118）。横梁上搭上金属板，便连成了一根纤细的“银带桥”，形成了简明轻巧、纤细流畅的造型和鲜活飘逸的美感。从远处望去就像一座跨越泰晤士河的高压电线，或许设计者受到输电线路设计的影响，在高压电杆与电线的组合中得到了伦敦千禧桥的灵感。

图12-113　张拉膜的使用

图12-114　室内多空间

图12-115　进入穹顶前的序列空间

图12-116　泰晤士河上的珍珠
图12-117　泰晤士河上的银色飘带

图12-118　“Y”字形桥墩
图12-119　具有工业感的桥梁构件

桥面人行道随主缆索垂度变化的平面横梁支撑，这种构思有些类似于用吊桥下不同长度的吊索来调节桥面的平整，保证行人能在一个平整而顺直的桥面上安全行走，桥梁结构的部件充满着工业时代的特点（图 12-119）。这座人行桥曾在 2000 年 6 月开放了 3 天就由于因自重及行人的运动导致的严重摇摆而不得不关闭，一年半以后，在增加了价值 500 万的减振器后，千禧桥重新对公众开放，以后没有再产生意外。

美丽的千禧桥从北岸直通南岸的“泰特”（TATE）现代艺术馆门口，它的用途就是把艺术的崇拜者直接送到这座现代艺术的宫殿。

5）泰晤士河防潮闸（Thames Tidal Barrier）

泰晤士河防潮闸位于英国泰晤士河伦敦桥下游 14 千米的锡尔弗敦（Silvertown）附近，是英国一项重要的防洪与通航建筑物（图 12-121）。其任务是阻拦北海风暴潮涌进泰晤士河造成的大洪水，保护伦敦市区的安全，同时维持该河的正常航运，使海轮能在正常涨潮之时直抵伦敦。

防潮闸共分 10 孔，中间 4 孔为主航道，每孔净宽 61 米。南岸 2 孔为副航道，北岸 4 孔不通航，每孔净宽均为 31.5 米。不挡潮时，全闸 10 孔可适应河水正常通过。防潮闸设计最巧妙的地方无疑是由雷金纳德（Reginald）提出的旋转门概念。通航时，闸门的弧形面板旋转滑入闸底板凹槽内，闸门里板与闸底板顶面齐平，使船只畅行；挡潮时，闸门向上旋转 90°，使面板从凹槽中滑起，露出水面到竖直位置（图 12-122、图 12-123）。这种闸门设计合理，工作灵活。闸门还可再转动 90°，使面板朝上里板朝下，以便于检修。另外，还有一套锁锭装置的固定闸门，使闸门关闭有双重保险。泰晤士河闸是伦敦最受欢迎的工程之一，是伦敦最重要的洪水防护设施。

图12-120　从桥的南端远看圣保罗大教堂

图12-121　远眺泰晤士河闸

图12-122　洪水警报发出时关闭闸门

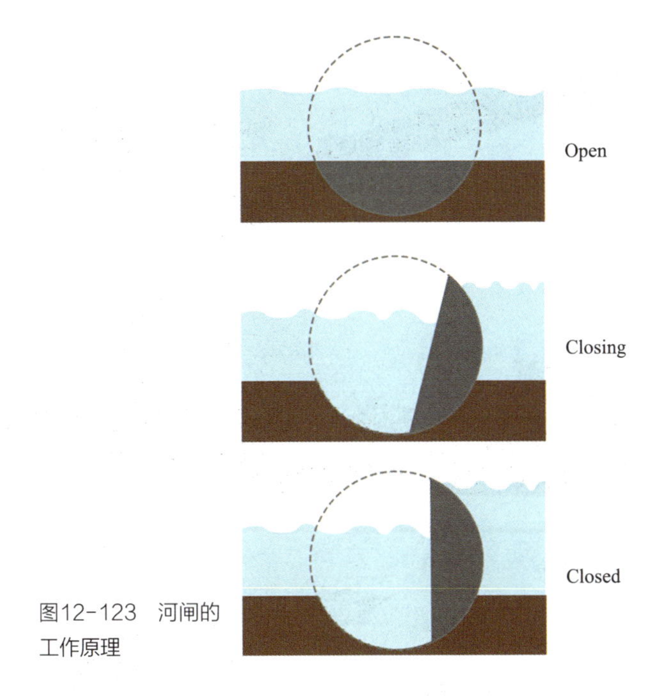

图12-123　河闸的工作原理

6）伯明翰斗牛场购物中心（Bullring Shopping Centre Birmingham）

伯明翰斗牛场购物中心购物中心总面积将近 11 万平方米，总投资 5 亿英镑，这个巨大的购物中心包含 Debenhams 和 Selfridges 两个主力百货公司以及 136 个专卖店，由贝诺伊（Benoy）进行总规划设计，于 2003 年 9 月开业。

伯明翰购物中心建筑整体为曲面设计，边角圆滑，包裹着整个屋顶，与用地的曲线完美契合，这种富于美感的表现形式也暗示出建筑百货商店的功能（图 12-124）。建筑表面覆盖了 15 000 张铝制圆盘，据说是受到时装设计的启发（图 12-125）。购物中心功能复杂，设计通过平台、自动扶梯、休息空间和连廊等使得商业内部空间丰富而有活力（图 12-126、图 12-127）。

图12-124　圆滑的曲面设计

图12-125　立面上的铝制圆盘极富装饰性

图12-126　商场内部通道

图12-127　大型商场的内部空间

购物中心的步行街形态以伯明翰的历史街道模式为基础，由传统街道、广场和开放空间将新街（New Street）、大街（High Street）和圣马丁教堂、露天市场联系起来，为了有效地与城市道路结合，最大限度地引入购物者，在设计上充分考虑与城市周围的步行街、广场、停车场上的步行人流衔接，从各个方向和层面引入人流（图 12-128）。购物中心建成后公众褒贬不一，尽管有批评认为这是英国最丑陋的建筑，但其敢于突破传统，尝试新的风格和材料，对于城市街区的深入研究在 21 世纪仍然值得借鉴和学习。

7）芬丘奇街 20 号（20 Fenchurch Street）

芬丘奇街 20 号位于离伦敦桥不远的泰晤士河北岸，2014 年建成，高 160 米，楼高 37 层，建筑面积约 10 万平方米，造价达 2 亿英镑，由拉斐尔·维诺里建筑事务所（Rafael Viñoly Architects）设计完成。由于其外形独特，犹如对讲机，故有“对讲机大楼”的外号（图 12-129）。

建筑设计在北立面和南立面以大面积的玻璃窗为特色，获得了最佳的景观，同时又与现存的高层楼群建立视觉联系。在南立面，凹曲形式和水平构件有助于遮阳，同时使建筑退后于附近的历史建筑，打开了公共领域的视野。

东、西立面上的垂直片提供了遮阳，它们随着建筑的有机曲线设置，形成了较为整体的流线效果（图 12-130）。建筑最顶层的空中花园拥有伦敦第一个对外开放的摩天楼观景平台，以自然景色、咖啡厅以及豪华的 360° 城市景观而著称，阶梯状的空中花园、屋顶和四周由透明玻璃组成，屋顶的结构设计形成了跨度 50 米的无柱空间，朝南有观光阳台，形成了“口袋花园”，通过独立大厅和专用电梯可以由底层直接进入（图 12-131、图 12-132）。

图12-128　购物中心的城市外部环境

图12-129　泰晤士河北岸的“对讲机大楼”

12-130

12-131

图12-130　西立面的垂直遮阳
图12-131　大楼顶部的口袋花园

图12-132　大跨度无柱空间
图12-133　立面“凹透镜”产生的光污染

由于大楼的玻璃幕墙形成了巨大的凹透镜，太阳强烈时会把阳光反射到街上，晴天时被聚焦照射的区域温度可达70℃，阴天也能达到50℃～60℃。光污染问题非常突出。设计追求了外形的独特，却忽略了太阳反射的问题，产生了较严重的负面后果，因此常受到市民的诟病（图12-133）。

8）皇家威尔士音乐戏剧学院新楼（Royal Welsh College of Music and Drama）

皇家威尔士音乐戏剧学院成立于1949年，原名加的夫音乐学院。由于学生规模的增加，学校2000年以后便开始筹备新楼的建设。

新楼由BFLS建筑师事务所设计，2007年开工，2011年竣工（图12-134）。这座建筑拥有一个可容纳450人的音乐厅、一个可容纳180人的剧院、四个排练室、一个展览美术馆、一个休息区、一个咖啡吧和一个能俯瞰优美风景的露台（图12-136～图12-138）。建筑设计将内部表演空间的音响和戏剧实用性作为主要因素，在表演与学习的空间突出音响效果。建筑有机地将三个独立的新建筑和一个翻新建筑整合在一个巨大的浮顶之下（图12-139、图12-140），音乐厅的部分外饰面采用杉木板条，与树影相互掩映，而内部则是由木材与石材组成的温暖空间。优美的悬浮顶连接了新旧建筑，建筑的流线型与周边环境完美地融合在一起。

9）海德公园一号（One Hyde Park）

海德公园一号项目位于伦敦市中心，由一座写字楼拆除以后在原址建成，北面是海德公园，南向是骑士桥，东西两面分别毗邻惠灵顿阁和文华东方酒店（图12-141）。建筑共有86套公寓，总建筑面积65000平方米。

公寓户型设计由著名设计师理查德·罗杰斯亲自设计，2011年1月20日，海德公园一号正式开盘。楼盘采取一梯一

图12-134　皇家威尔士音乐戏剧学院
图12-135　戏剧学院新楼入口

图12-136　休息区内部

图12-137　巨大浮顶与墙面的对比

图12-138　音乐厅外部杉木墙面

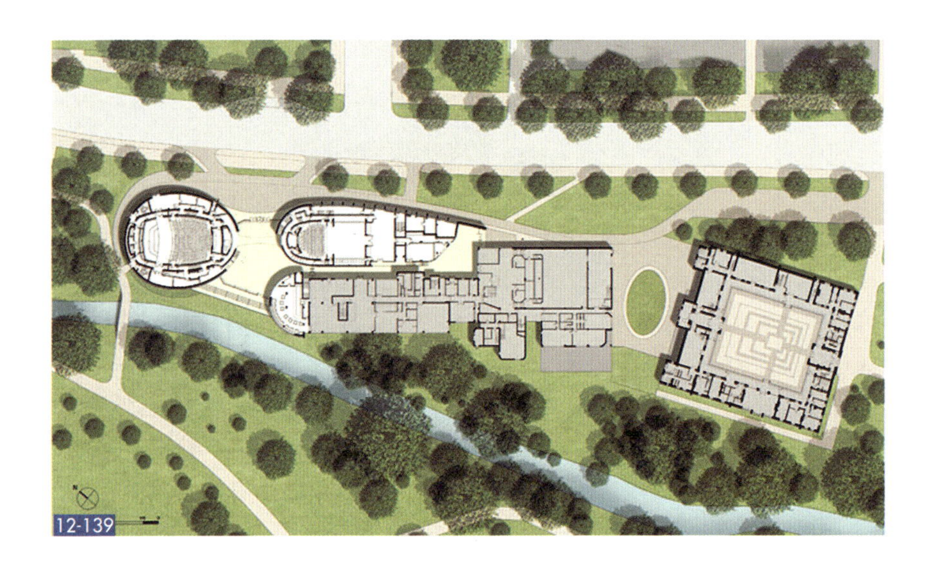

图12-139　平面图上白色为新建建筑，灰色为老建筑

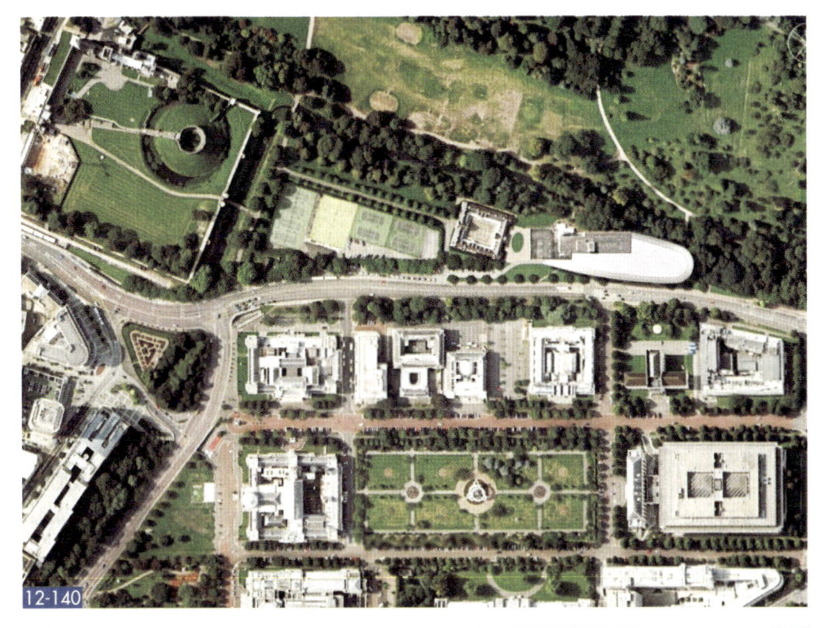

图12-140　悬浮顶将新楼与老楼有机地联接在一起

图12-141　海德公园一号

户的设计，直通近在咫尺的超豪华文华东方酒店的地下通道，可使主人随时像到自家餐厅一样享受酒店 30 多位高级厨师制作的美食。社区配套设施非常豪华，包括一个 spa 休闲中心、一个电影院、一座高尔夫模拟训练装置以及一个酒窖，还聚集了来自世界各地的绘画、古董和家具。与英国多数高级建筑一样，大楼内所有角落都处于隐藏摄像头监控之下，大厦的每个房间窗户都装设了防弹玻璃，电梯和出入口设有扫描身份识别系统。楼盘均价为 2000 万英镑，每平方米均价高达约 6.45 万英镑，面积最大的一套卖到 1 亿英镑，堪称全球最昂贵公寓。

楼盘包含了四座相连的高科技保安住宅大厦，每栋大厦的外观呈钻石形，外墙由玻璃和钢结构组成。公寓楼被一系列的全玻璃的楼梯、电梯和休息室隔开，居民可以从乘客通道直接抵达公寓和顶楼，工作人员等则通过服务通道进入公寓楼。每座公寓的居住空间均采用预制的裸露混凝土构架，外部则呈现双层结构。立面系统由一系列装置在框架内的竖直刀片式的构件组成，深色铜合金建造的幕墙，是立面的主要部分，幕墙的色彩使建筑进一步融入周围景观（图 12-142~图 12-144）。

楼盘的景观是现代精致的英国式花园，花园整体色彩红、黄、绿混合，并穿插现代雕塑，体现出现代主义的英式花园的品位和情调（图 12-145）。

海德公园一号占据伦敦一流的地理位置，从设计到施工无所不用其极，是目前英国最顶级的住宅楼盘之一（图 12-146）。

10）苏格兰议会大厦（Scottish Parliament Building）

1997 年 5 月，苏格兰作为英联邦之一成立了国家议会，首都定在爱丁堡。苏格兰议会大厦是一栋兼具历史与政治重要性的大型建筑，于 1998 年开始设计施工，至 2004 年竣工。大楼由西班牙加泰罗尼亚的建筑师安立克·米拉耶斯（Enric Miralles）

图12-142　建筑外层的玻璃和钢结构
图12-143　豪华的休息室

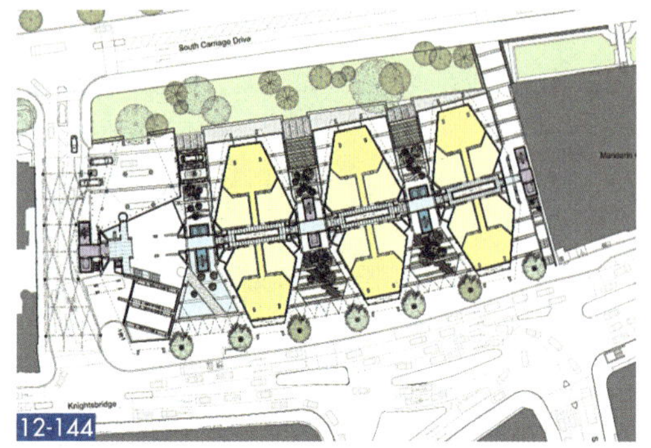

图12-144　四栋钻石型住宅楼
图12-145　雕塑景观
图12-146　一流的地理区位

设计。安立克·米拉耶斯病逝于2000年，其后的项目实施由其意大利裔太太塔格里布（Benedetta Tagliabue）完成。

议会大楼于1999年6月开始动土的工作，直到2004年9月7日苏格兰议会会员才于该处举行他们的第一次辩论会议。该工程建筑总面积18550平方米，包括四座4～5层高的塔楼、一个新闻中心和一个会议中心，可以容纳1200人办公，投资5亿英镑。

米拉耶斯拥有加泰罗尼亚独特而深刻的文化背景，他对形式的把握能力在苏格兰议会大厦的项目中得到了最充分的体现，设计形式在议会大厦严肃专注的性格中混合了浪漫的乐观主义，不同树叶状空间的组合创造了一种放松的自然形态。

大楼由新建和改建的几个建筑组成，首层是议员的餐厅和花园，东面临市民广场的是国会大堂，首层设有向公众开放的游客中心。复杂的建筑体量分解成七个小建筑，在尺度和体量上呼应了基地附近的老建筑，议会大厦的建筑设计与景观设计和周围环境深深交织在一起，表现出对城市和乡村之间的有机转换关系（图12-147～图12-149）。

建筑立面设计非常有特点，石头、不锈钢、橡木不断重复构成立面上生动的线条，立面开窗千变万化的效果其实是几个元素的不同排列组合（图12-150、图12-151）。最为令人瞩目的议会大厅是橡木和不锈钢的空间，屋顶结构、构造看似复杂其实自有其节律，每一根结构构件、每一个设备元素，包括照明灯具的吊杆都是设计元素（图12-152、图12-153）。楼和楼之间的空间是动态且明亮（图12-154）。

主入口处的木杆装饰，也是外表面上不断重复的材料和元素，玻璃幕墙上、外窗上、雨篷上都可见。直径约五cm的木杆，每一根以上中下三点和玻璃幕墙的金属框架固定。木栅装饰弯曲、倾斜、交叉，整片看上去似是随机，其实是模块化的，每一块与玻璃幕墙竖向分隔相吻合。整栋建筑都是这样，太多的设计元素令人眼花缭乱，细看却有许多标准化的组织，以数学和几何原理将那些看上去匪夷所思的形象进行了非常清晰严谨的逻辑表达（图 12-155、图 12-156）。

建筑落成后公众反应虽然褒贬不一，但其在楼前公共空间的创造、将地标建筑创造成为一个复杂的结合自然与文化的综合体的设计理念上颇受欢迎。建筑设计获得西班牙建筑双年展获奖的RIA、安得烈多伦建筑奖和英国最著名的 2005 斯特林建筑奖，2005 年 10 月获选为苏格兰第四大现代建筑。

11）伦敦莱斯特广场 W 酒店（W London，Leicester Square）

2011 年由 Jestico + Whiles 事务所设计的伦敦莱斯特广场 W 酒店开始营业。这栋由 McAleer & Rushe 开发的十层大楼容纳了零售、休闲与住宿，总占地面积达 200000 平方英尺，包括一个水疗中心、11 栋别墅和一栋新的 35000 平方英尺大的全球领先品牌零售体验店。

酒店的外立面包裹了一层无框玻璃表皮，使得建筑就像笼罩在一层漂浮的面纱内，蚀刻起伏的抽象图案使人想起剧院幕布，同时唤起人们对电影遗产地的印象。Jestico + Whiles 的设计使建筑的正面成为一个巨大的屏幕，可以在夜晚发射变幻的灯光（图 12-157～图 12-159）。这种惊人的视觉效果通过将复杂的陶瓷熔块应用于建筑外表皮的光学矫正玻璃上，使其“持有”并投射灯光，同时不阻碍客房窗户的视野（图 12-160）。

外墙的照明装置都采用高能效 Barco 灯，提供电影质量的混色与渲染，从而提供了无限的组合与效果。面纱的光强度和色彩饱和度的控制是通过酒店内的一个复杂界面实现的，如果说白天的 W 酒店是平和冷静的，那么在夜晚，发光的玻璃面纱形成

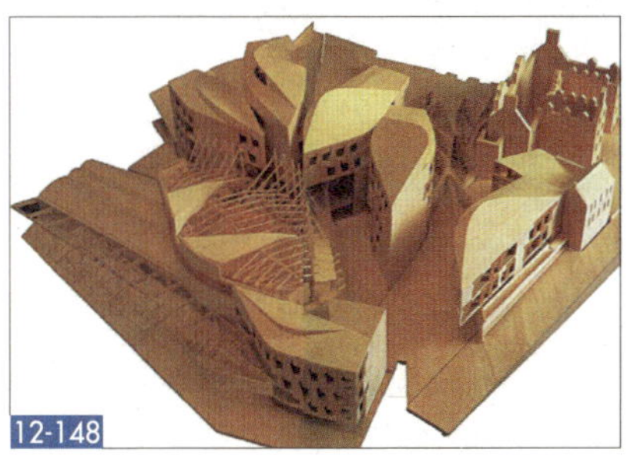

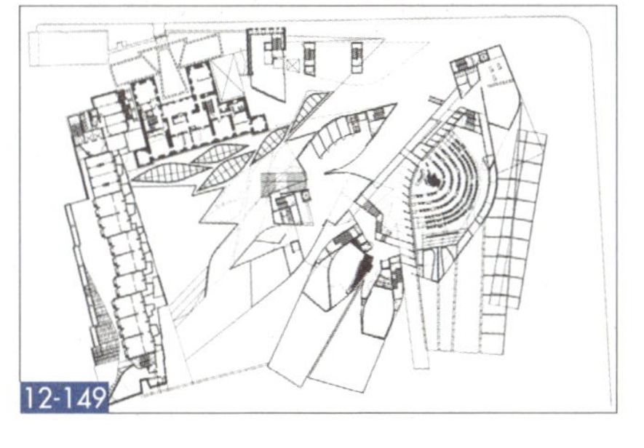

图12-147　建筑与景观带有机结合
图12-148　复杂的建筑体块
图12-149　新老建筑围合的空间

图12-150 装饰橡木条和造型奇特的窗户

图12-151 墙面上的石材和不锈钢

图12-152 议会大厅内部

图12-153 议会大厅的屋顶构造细部

图12-154　动态明亮的内部公共空间
图12-155　议会大厦入口及前广场
图12-156　看似凌乱的标准化构件

图12-157　W酒店的照明外墙
图12-158　朦胧的面纱墙
图12-159　酒店入口

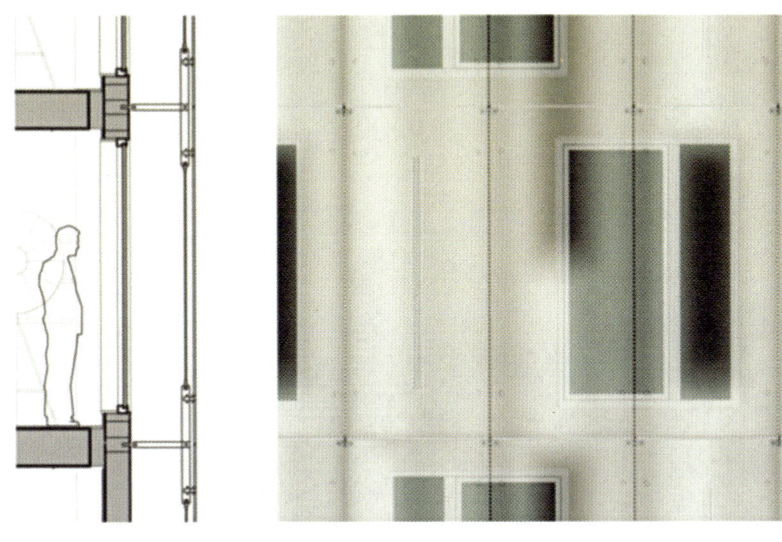

图12-160　玻璃墙面示意图

动画，可谓是伦敦最大的电子艺术作品。

2011 年，伦敦莱斯特广场 W 酒店被授予 MIPIM 奖。

12）伦敦雅乐轩埃克塞尔酒店（Aloft London Excel）

酒店位于伦敦市的 Dockland 区，占地面积 0.95 公顷，拥有 252 间客房，总建筑面积 14000 平方米。由阿布扎比国家展览公司（ADNEC）开发，Jestico + Whiles 设计公司设计，2011 年 11 月完成。

酒店外立面设计灵感来自于抽象画，设计将半透明的陶瓷熔块经过特殊处理呈现出高反射的面，使得建筑的一翼有着不断的颜色变化，让人联想到抽象的固体画。另一翼的玻璃幕墙上则烧制有水平条纹以强调建筑的流动感，两翼的相互作用和深度结合使得整栋建筑达到了非凡的艺术效果，高科技与艺术的融合在伦敦雅乐轩酒店得到了完美的诠释（图 12-162～图 12-167）。

图12-161　雅乐轩酒店
图12-162　立面的抽象画效果

图12-163　酒店外的休闲茶座

图12-164　流动的水平条纹

图12-165　内庭空间

图12-166　抽象画和水平纹的结合

图12-167　极富艺术效果的立面设计

12.3　城市形态

这个时期的建筑特点多变，风格切换加快，城市肌理和形态随着建筑的变化也在不断丰富。英国开始出现较大体量的城市综合体，也出现了不断更迭的地标性建筑物。在20～21世纪之间，伦敦的天际轮廓线被不断改写，城市中心区的密集度不断加大，但是总体来说，街道的肌理和形态保护较好。建筑密度的增加并没有带来出行的困难，这得益于良好的交通组织和管理，作为世界级的大都市，伦敦正以它自己定方式悄然改变着。

结语 /CONCLUSION

纵观英国建筑的发展历史，我们可以看到英国作为大西洋上的岛国，一直存在并至今为止都有其独立性。在维多利亚时期以前，英国的建筑每个时期的特色非常明显，建筑形式变化相对缓慢。维多利亚时期之后，尤其是在是第二次世界大战以后，建筑的重建很大程度上受到造价的限制，逐渐接受并融入现代主义建筑风格，尤其是廉价的以清水混凝土作为外墙的粗野主义在英国颇受欢迎。另外，由于工业化发展较早导致住房问题凸显，英国对于住房的推进和建设在世界范围颇受褒扬，由此产生的批量预制件的技术也得到很大的提高和推广。英国建筑虽然和西方建筑发展基本同步，但有许多自己的独特之处，比如在美国表现的非常张扬华丽的装饰艺术风格，在英国则相当低调平实；在美国并不流行的高技派，在英国却发展得异常有力；英国在后现代主义的表现上也有自己的个性，相比美国并没有更多隐喻和符号；而绿色建筑的探索性则一直领先于世界；在全球参数化设计盛行的当代，我们并不太看得到英国有更多类似的设计，甚至看不到扎哈的作品，当代建筑的意义的探索更加注重的是对建筑表现力的创造，时间与历史改变着人们对于建筑的审美观念。

通过英国建筑历史的梳理，可以看到，建筑作为石头的史书，和与之对应的文化语境息息相关，价值观的不同必然造成建筑创作上的多元性。不同时期的建筑形式是文化、科学技术和生产力发展的必然结果，是美学观念和价值体系的转变。几个世纪来，英国在传统的延续上有着自己的执着，同时并不排斥任何新思想和新理念，尤其是对于绿色建筑的深入研究、对于材料和科技的创新及探索值得世界学习和借鉴。

插图来源 / ILLUSTRATION SOURCE

第 1 章

图 1-1　https://topofly.blogspot.com
图 1-2　https://www.englishheritage,co,uk
图 1-3　https://www.englishheritage,co,uk
图 1-4　https://www.englishheritage,co,uk
图 1-5　https://www.englishheritage,co,uk
图 1-6　https://www.englishheritage,co,uk
图 1-7　https://www.wikipedia.org/
图 1-8　https://www.wikipedia.org/
图 1-9　https://www.wikipedia.org/
图 1-10　https://www.wikipedia.org/
图 1-11　https://www.wikipedia.org/
图 1-12　https://www.wikipedia.org/
图 1-13　https://www.wikipedia.org/
图 1-14　https://www.englishheritage,co,uk
图 1-15　https://www.englishheritage,co,uk
图 1-16　https://www.englishheritage,co,uk
图 1-17　https://www.englishheritage,co,uk
图 1-18　自摄
图 1-19　自摄
图 1-20　https://www.wikipedia.org/
图 1-21　https://www.vox.com
图 1-22　https://www.wikipedia.org/
图 1-23　https://www.wikipedia.org/
图 1-24　https://www.wikipedia.org/
图 1-25　https://www.wikipedia.org/
图 1-26　https://www.wikipedia.org/
图 1-27　https://www.englishheritage,co,uk

第 2 章

图 2-1　https://www.englishheritage,co,uk
图 2-2　https://baike.baidu.com/
图 2-3　https://www.englishheritage,co,uk
图 2-4　https://www.wikipedia.org/
图 2-5　https://www.google.com.hk/url?sa=i&rct=j&q=&esrc=s&source=images&cd=&ved=&url=http%3A%2F%2Funisci24.com%2F211843.

html&psig=AOvVaw1OPJImvDkK7Qagg-Tq2wcB&ust=1511684620480305
图 2-6　https://www.northumbrian-cottages.info
图 2-7　https://www.northumbrian-cottages.info
图 2-8　https://www.northumbrian-cottages.info
图 2-9　https://www.northumbrian-cottages.info
图 2-10　https://jupiter.ai/books/jgO6/
图 2-11　https://www.alamy.com
图 2-12　https://www.alamy.com
图 2-13　https://www.alamy.com
图 2-14　https://www.alamy.com
图 2-15　自摄
图 2-16　https://www.wikipedia.org/
图 2-17　https://www.wikipedia.org/

第 3 章

图 3-1　https://www.alamy.com
图 3-2　https://www.alamy.com
图 3-3　（日）后藤久著 . 西洋住居史［M］. 北京：清华大学出版社，2011.
图 3-4　（日）后藤久著 . 西洋住居史［M］. 北京：清华大学出版社，2011.
图 3-5　（英）丹・克鲁克香克著 . 郑时龄等译 . 费莱彻建筑史（原书第 20 版）. 北京：知识产权出版社，2011.
图 3-6　自摄
图 3-7　https://www.gutenberg.org/files/22832/22832-h/22832-h.htm
图 3-8　自摄
图 3-9　https://www.wikipedia.org/
图 3-10　https://www.wikipedia.org/
图 3-11　https://www.wikipedia.org/
图 3-12　https://www.wikipedia.org/
图 3-13　https://www.alamy.com
图 3-14　https://www.alamy.com

第 4 章

图 4-1　https://www.alamy.com
图 4-2　https://www.alamy.com
图 4-3　（英）詹姆斯・W.P 坎贝尔，潘一婷译 . 英国的风土建筑［J］. 建筑遗产，2016（3）：44-67.
图 4-4　（英）詹姆斯・W.P 坎贝尔，潘一婷译 . 英国的风土建筑［J］. 建筑遗产，2016（3）：44-67.
图 4-5　（英）丹・克鲁克香克著 . 郑时龄等译 . 费莱彻建筑史（原书第 20 版）. 北京：知识产权出版社，2011.

图 4-6 （英）丹·克鲁克香克著．郑时龄等译．费莱彻建筑史（原书第 20 版）．北京：知识产权出版社，2011.

图 4-7 （英）丹·克鲁克香克著．郑时龄等译．费莱彻建筑史（原书第 20 版）．北京：知识产权出版社，2011.

图 4-8 （英）丹·克鲁克香克著．郑时龄等译．费莱彻建筑史（原书第 20 版）．北京：知识产权出版社，2011.

图 4-9 https://www.alamy.com

图 4-10 https://www.wikipedia.org/

图 4-11 https://www.wikipedia.org/

图 4-12 https://www.englishheritage,co,uk

图 4-13 https://www.englishheritage,co,uk

图 4-14 https://www.alamy.com

图 4-15 https://www.alamy.com

图 4-16 https://www.alamy.com

图 4-17 https://www.wikipedia.org/

图 4-18 https://www.wikipedia.org/

图 4-19 https://www.wikipedia.org/

图 4-20 https://www.wikipedia.org/

图 4-21 https://www.wikipedia.org/

图 4-22 https://www.wikipedia.org/

图 4-23 https://www.alamy.com

图 4-24 https://www.alamy.com

图 4-25 https://www.alamy.com

图 4-26 https://www.wikipedia.org/

图 4-27 https://www.wikipedia.org/

图 4-28 https://www.wikipedia.org/

图 4-29 https://www.wikipedia.org/

第 5 章

图 5-1 自摄

图 5-2 自摄

图 5-3 自摄

图 5-4 自摄

图 5-5 （英）詹姆斯·W.P 坎贝尔，潘一婷译．英国的风土建筑 [J]．建筑遗产，2016（3）：44-67.

图 5-6 （英）詹姆斯·W.P 坎贝尔，潘一婷译．英国的风土建筑 [J]．建筑遗产，2016（3）：44-67.

图 5-7 （英）丹·克鲁克香克著．郑时龄等译．费莱彻建筑史（原书第 20 版）．北京：知识产权出版社，2011.

图 5-8 （英）丹·克鲁克香克著．郑时龄等译．费莱彻建筑史（原书第 20 版）．北京：知识

产权出版社，2011.
图 5-9 （英）丹・克鲁克香克著 . 郑时龄等译 . 费莱彻建筑史（原书第 20 版）. 北京：知识产权出版社，2011.
图 5-10 （英）丹・克鲁克香克著 . 郑时龄等译 . 费莱彻建筑史（原书第 20 版）. 北京：知识产权出版社，2011.
图 5-11 （英）丹・克鲁克香克著 . 郑时龄等译 . 费莱彻建筑史（原书第 20 版）. 北京：知识产权出版社，2011.
图 5-12 （英）丹・克鲁克香克著 . 郑时龄等译 . 费莱彻建筑史（原书第 20 版）. 北京：知识产权出版社，2011.
图 5-13 （英）丹・克鲁克香克著 . 郑时龄等译 . 费莱彻建筑史（原书第 20 版）. 北京：知识产权出版社，2011.
图 5-14 （英）丹・克鲁克香克著 . 郑时龄等译 . 费莱彻建筑史（原书第 20 版）. 北京：知识产权出版社，2011.
图 5-15 （英）丹・克鲁克香克著 . 郑时龄等译 . 费莱彻建筑史（原书第 20 版）. 北京：知识产权出版社，2011.
图 5-16 （英）丹・克鲁克香克著 . 郑时龄等译 . 费莱彻建筑史（原书第 20 版）. 北京：知识产权出版社，2011.
图 5-17 （英）丹・克鲁克香克著 . 郑时龄等译 . 费莱彻建筑史（原书第 20 版）. 北京：知识产权出版社，2011.
图 5-18 （英）丹・克鲁克香克著 . 郑时龄等译 . 费莱彻建筑史（原书第 20 版）. 北京：知识产权出版社，2011.
图 5-19 自摄
图 5-20 自摄
图 5-21 https://www.wikipedia.org/
图 5-22 http://www.alamy.com/stock-photo-the-court-of-star-chamber-at-westminster-london-20829624.html
图 5-23 https://www.wikipedia.org/
图 5-24 自摄
图 5-25 自摄
图 5-26 自摄
图 5-27 自摄
图 5-28 自摄
图 5-29 https://www.wikipedia.org/
图 5-30 https://www.wikipedia.org/
图 5-31 https://www.wikipedia.org/
图 5-32 https://www.wikipedia.org/
图 5-33 https://www.wikipedia.org/
图 5-34 https://www.wikipedia.org/
图 5-35 https://www.wikipedia.org/
图 5-36 https://www.wikipedia.org/

图 5-37　https://www.wikipedia.org/
图 5-38　https://www.wikipedia.org/
图 5-39　https://www.englishheritage,co,uk
图 5-40　https://www.englishheritage,co,uk
图 5-41　https://www.englishheritage,co,uk
图 5-42　https://www.englishheritage,co,uk
图 5-43　https://www.wikipedia.org/
图 5-44　https://www.wikipedia.org/
图 5-45　https://www.wikipedia.org/
图 5-46　https://www.wikipedia.org/
图 5-47　https://www.wikipedia.org/
图 5-48　https://www.wikipedia.org/
图 5-49　https://www.wikipedia.org/
图 5-50　https://www.wikipedia.org/
图 5-51　https://www.wikipedia.org/
图 5-52　自摄
图 5-53　http://www.medart.pitt.edu/image/england/cambridge/KingsCollege/Plans/Cambr-kings-Plans.html
图 5-54　自摄
图 5-55　https://www.wikipedia.org/
图 5-56　自摄
图 5-57　自摄

第 6 章

图 6-1　（英）詹姆斯・W.P 坎贝尔，潘一婷译 . 英国的风土建筑［J］. 建筑遗产，2016（3）：44-67.
图 6-2　自摄
图 6-3　自摄
图 6-4　自摄
图 6-5　王受之 . 世界现代建筑史［M］. 北京：中国建筑工业出版社，1999.
图 6-6　王受之 . 世界现代建筑史［M］. 北京：中国建筑工业出版社，.1999
图 6-7　自摄
图 6-8　自摄
图 6-9　自摄
图 6-10　https://www.wikipedia.org/
图 6-11　https://www.wikipedia.org/
图 6-12　王受之 . 世界现代建筑史［M］. 北京：中国建筑工业出版社，1999.
图 6-13　https://www.wikipedia.org/
图 6-14　https://www.wikipedia.org/
图 6-15　王受之 . 世界现代建筑史［M］. 北京：中国建筑工业出版社，1999.

图 6-16　https://www.wikipedia.org/
图 6-17　https://www.alamy.com
图 6-18　自摄
图 6-19　自摄
图 6-20　自摄
图 6-21　自摄
图 6-22　自摄
图 6-23　https://www.alamy.com

第 7 章

图 7-1　自摄
图 7-2　自摄
图 7-3　https://www.wikipedia.org/
图 7-4　https://www.wikipedia.org/
图 7-5　https://www.englishheritage,co,uk
图 7-6　http://mappinghell.net/files/stpauls/st-pauls-london---floorplan-1223.gif
图 7-7　自摄
图 7-8　自摄
图 7-9　https://www.wikipedia.org/
图 7-10　https://www.alamy.com
图 7-11　https://www.alamy.com
图 7-12　https://www.alamy.com
图 7-13　https://www.wikipedia.org/
图 7-14　https://www.wikipedia.org/
图 7-15　https://www.wikipedia.org/
图 7-16　https://www.wikipedia.org/
图 7-17　https://www.wikipedia.org/
图 7-18　https://www.wikipedia.org/
图 7-19　https://www.wikipedia.org/
图 7-20　https://www.wikipedia.org/
图 7-21　自摄
图 7-22　自摄
图 7-23　自摄

第 8 章

图 8-1　（英）詹姆斯 · W.P 坎贝尔，潘一婷译 . 英国的风土建筑［J］. 建筑遗产，2016（3）：44-67.
图 8-2　（英）詹姆斯 · W.P 坎贝尔，潘一婷译 . 英国的风土建筑［J］. 建筑遗产，2016（3）：44-67.
图 8-3　自摄

图 8-4　自摄
图 8-5　自摄
图 8-6　https://www.wikipedia.org/
图 8-7　https://www.wikipedia.org/
图 8-8　https://www.wikipedia.org/
图 8-9　自摄
图 8-10　自摄
图 8-11　https://www.wikipedia.org/
图 8-12　自摄
图 8-13　https://www.wikipedia.org/
图 8-14　https://www.englishheritage,co,uk
图 8-15　自摄
图 8-16　https://www.wikipedia.org/
图 8-17　https://www.wikipedia.org/
图 8-18　https://www.wikipedia.org/
图 8-19　https://www.wikipedia.org/
图 8-20　https://www.wikipedia.org/
图 8-21　自摄
图 8-22　自摄
图 8-23　自摄
图 8-24　自摄
图 8-25　自摄
图 8-26　自摄
图 8-27　自摄
图 8-28　自摄
图 8-29　https://www.englishheritage,co,uk
图 8-30　https://www.englishheritage,co,uk
图 8-31　https://www.englishheritage,co,uk

第 9 章

图 9-1　(英)肯・阿林森著．杨志德译．伦敦当代建筑 [M]．北京：中国建筑工业出版社，2006
图 9-2　(英)肯・阿林森著．杨志德译．伦敦当代建筑 [M]．北京：中国建筑工业出版社，2006
图 9-3　(英)肯・阿林森著．杨志德译．伦敦当代建筑 [M]．北京：中国建筑工业出版社，2006
图 9-4　自摄
图 9-5　自摄
图 9-6　自摄
图 9-7　https://www.wikipedia.org/

图 9-8　https://www.englishheritage,co,uk
图 9-9　http://myrealms.net/otherrealms/london/PalaceOfWestminsterFloorplan.shtml
图 9-10　自摄
图 9-11　自摄
图 9-12　自摄
图 9-13　自摄
图 9-14　自摄
图 9-15　https://www.wikipedia.org/

第 10 章

图 10-1　https://www.wikipedia.org/
图 10-2　https://flashbak.com/powerful-photos-of-glasgow-slums-1969-72-54283/
图 10-3　自摄
图 10-4　自摄
图 10-5　http://moziru.com/explore/Drawn%20sofa%20victorian%20era/#gal_post_2365_drawn-sofa-victorian-era-4.jpg
图 10-6　https://www.alamy.com
图 10-7　https://de.wikipedia.org/wiki/Gartenstadt
图 10-8　https://www.alamy.com
图 10-9　https://www.alamy.com
图 10-10　自摄
图 10-11　自摄
图 10-12　自摄
图 10-13　https://www.wikipedia.org/
图 10-14　https://www.wikipedia.org/
图 10-15　自摄
图 10-16　自摄
图 10-17　自摄
图 10-18　自摄
图 10-19　自摄
图 10-20　自摄
图 10-21　https://www.wikipedia.org/
图 10-22　https://www.wikipedia.org/
图 10-23　http://architecturalprints.com.au/shop/posters-prints/london-tower-bridge-print/
图 10-24　https://www.wikipedia.org/
图 10-25　https://www.wikipedia.org/
图 10-26　https://www.wikipedia.org/
图 10-27　https://www.wikipedia.org/
图 10-28　https://www.wikipedia.org/
图 10-29　自摄

图 10-30　自摄
图 10-31　自摄
图 10-32　自摄
图 10-33　自摄
图 10-34　自摄
图 10-35　自摄

第 11 章

图 11-1　https://www.wikipedia.org/
图 11-2　https://www.wikipedia.org/
图 11-3　https://www.wikipedia.org/
图 11-4　https://www.wikipedia.org/
图 11-5　https://www.wikipedia.org/
图 11-6　https://www.wikipedia.org/
图 11-7　https://www.wikipedia.org/
图 11-8　https://www.wikipedia.org/
图 11-9　https://www.wikipedia.org/
图 11-10　https://www.englishheritage,co,uk
图 11-11　https://www.englishheritage,co,uk
图 11-12　https://www.englishheritage,co,uk
图 11-13　https://www.englishheritage,co,uk
图 11-14　https://www.englishheritage,co,uk
图 11-15　https://www.englishheritage,co,uk
图 11-16　https://www.wikipedia.org/
图 11-17　https://www.wikipedia.org/

第 12 章

图 12-1　https://www.wikipedia.org/
图 12-2　https://www.wikipedia.org/
图 12-3　https://www.wikipedia.org/
图 12-4　https://www.wikipedia.org/
图 12-5　https://www.wikipedia.org/
图 12-6　https://www.wikipedia.org/
图 12-7　https://www.wikipedia.org/
图 12-8　https://www.wikipedia.org/
图 12-9　https://www.wikipedia.org/
图 12-10　https://www.wikipedia.org/
图 12-11　https://www.wikipedia.org/
图 12-12　https://www.wikipedia.org/
图 12-13　https://www.wikipedia.org/

图 12-14　https://www.wikipedia.org/
图 12-15　https://www.wikipedia.org/
图 12-16　https://www.wikipedia.org/
图 12-17　https://www.wikipedia.org/
图 12-18　https://www.wikipedia.org/
图 12-19　自摄
图 12-20　自摄
图 12-21　自摄
图 12-22　自摄
图 12-23　肯尼斯·鲍威尔.新伦敦建筑 [M] .大连：大连理工大学出版社，2002
图 12-24　肯尼斯·鲍威尔.新伦敦建筑 [M] .大连：大连理工大学出版社，2002
图 12-25　肯尼斯·鲍威尔.新伦敦建筑 [M] .大连：大连理工大学出版社，2002
图 12-26　肯尼斯·鲍威尔.新伦敦建筑 [M] .大连：大连理工大学出版社，2002
图 12-27　肯尼斯·鲍威尔.新伦敦建筑 [M] .大连：大连理工大学出版社，2002
图 12-28　王受之.世界现代建筑史 [M] .北京：中国建筑工业出版社，1999
图 12-29　王受之.世界现代建筑史 [M] .北京：中国建筑工业出版社，1999
图 12-30　https://www.wikipedia.org/
图 12-31　https://www.wikipedia.org/
图 12-32　https://www.wikipedia.org/
图 12-33　https://www.wikipedia.org/
图 12-34　https://www.wikipedia.org/
图 12-35　https://www.wikipedia.org/
图 12-36　https://www.wikipedia.org/
图 12-37　王受之.世界现代建筑史 [M] .北京：中国建筑工业出版社，1999
图 12-38　王受之.世界现代建筑史 [M] .北京：中国建筑工业出版社，1999
图 12-39　王受之.世界现代建筑史 [M] .北京：中国建筑工业出版社，1999
图 12-40　https://www.wikipedia.org/
图 12-41　https://www.wikipedia.org/
图 12-42　https://www.wikipedia.org/
图 12-43　https://www.wikipedia.org/
图 12-44　自摄
图 12-45　自摄
图 12-46　自摄
图 12-47　自摄
图 12-48　https://www.wikipedia.org/
图 12-49　https://www.wikipedia.org/
图 12-50　https://www.wikipedia.org/
图 12-51　https://www.wikipedia.org/
图 12-52　https://www.wikipedia.org/
图 12-53　自摄

图 12-54　https://www.wikipedia.org/
图 12-55　自摄
图 12-56　自摄
图 12-57　自摄
图 12-58　自摄
图 12-59　自摄
图 12-60　自摄
图 12-61　https://www.wikipedia.org/
图 12-62　自摄
图 12-63　自摄
图 12-64　自摄
图 12-65　自摄
图 12-66　自摄
图 12-67　自摄
图 12-68　自摄
图 12-69　https://www.wikipedia.org/
图 12-70　https://www.wikipedia.org/
图 12-71　https://www.wikipedia.org/
图 12-72　https://www.wikipedia.org/
图 12-73　自摄
图 12-74　自摄
图 12-75　自摄
图 12-76　自摄
图 12-77　自摄
图 12-78　自摄
图 12-79　自摄
图 12-80　夏菁，黄作栋 . 英国贝丁顿能耗发展项目 [J] . 世界建筑，2004 (8)
图 12-81　夏菁，黄作栋 . 英国贝丁顿能耗发展项目 [J] . 世界建筑，2004 (8)
图 12-82　自摄
图 12-83　自摄
图 12-84　自摄
图 12-85　自摄
图 12-86　自摄
图 12-87　https://www.wikipedia.org/
图 12-88　https://www.wikipedia.org/
图 12-89　https://www.wikipedia.org/
图 12-90　https://www.wikipedia.org/
图 12-91　https://www.wikipedia.org/
图 12-92　https://www.wikipedia.org/
图 12-93　https://www.wikipedia.org/

图 12-94　https://www.wikipedia.org/
图 12-95　自摄
图 12-96　https://baike.baidu.com/
图 12-97　https://baike.baidu.com/
图 12-98　https://www.wikipedia.org/
图 12-99　https://www.wikipedia.org/
图 12-100 https://www.wikipedia.org/
图 12-101　https://www.wikipedia.org/
图 12-102　https://www.wikipedia.org/
图 12-103　https://www.wikipedia.org/
图 12-104　https://www.wikipedia.org/
图 12-105　自摄
图 12-106　自摄
图 12-107　自摄
图 12-108　自摄
图 12-109　自摄
图 12-110　自摄
图 12-111　自摄
图 12-112　自摄
图 12-113　自摄
图 12-114　自摄
图 12-115　自摄
图 12-116　https://www.wikipedia.org/
图 12-117　https://www.wikipedia.org/
图 12-118　https://www.wikipedia.org/
图 12-119　自摄
图 12-120　自摄
图 12-121　自摄
图 12-122　自摄
图 12-123　https://www.wikipedia.org/
图 12-124　自摄
图 12-125　自摄
图 12-126　自摄
图 12-127　自摄
图 12-128　https://www.wikipedia.org/
图 12-129　https://www.wikipedia.org/
图 12-130　https://www.wikipedia.org/
图 12-131　http://aasarchitecture.com/2015/01/open-sky-garden-20-fenchurch-street-rafael-vinoly.html/open-sky-garden-in-20-fenchurch-street-by-rafael-vinoly-11

图 12-132　https://www.wikipedia.org/
图 12-133　https://www.wikipedia.org/
图 12-134　https://www.wikipedia.org/
图 12-135　https://www.wikipedia.org/
图 12-136　https://www.wikipedia.org/
图 12-137　https://www.wikipedia.org/
图 12-138　https://www.wikipedia.org/
图 12-139　http://archreport.lofter.com/post/e5892_2b4bc5
图 12-140　https://www.wikipedia.org/
图 12-141　https://www.wikipedia.org/
图 12-142　https://www.wikipedia.org/
图 12-143　https://www.wikipedia.org/
图 12-144　https://www.wikipedia.org/
图 12-145　https://www.wikipedia.org/
图 12-146　https://www.wikipedia.org/
图 12-147　https://www.wikipedia.org/
图 12-148　https://www.wikipedia.org/
图 12-149　https://www.wikipedia.org/
图 12-150　自摄
图 12-151　自摄
图 12-152　https://www.wikipedia.org/
图 12-153　https://www.wikipedia.org/
图 12-154　https://www.wikipedia.org/
图 12-155　自摄
图 12-156　自摄
图 12-157　https://www.wikipedia.org/
图 12-158　https://www.wikipedia.org/
图 12-159　https://www.wikipedia.org/
图 12-160　https://www.wikipedia.org/
图 12-161　https://www.wikipedia.org/
图 12-162　https://www.wikipedia.org/
图 12-163　https://www.wikipedia.org/
图 12-164　https://www.wikipedia.org/
图 12-165　https://www.wikipedia.org/
图 12-166　https://www.wikipedia.org/
图 12-167　https://www.wikipedia.org/

参考文献 / REFERENCES

1 Innocent C F.The Development of English Building Construction [M] .Cambridge:Cambridge University Press，1916

2 Jokilehto.A History of Architecture Conservation [M] . London:Butterworth，1999.

3 Roger Dixon and Stefan Muthesius.Victorian Architecture [M]. London:Thames and Hudson，1978.

4 Kenneth Frampton. Modern Architecture a Critical History [M]. London:Thames and Hudson world of art，2000.

5 （英）阿萨 · 勃里格斯 . 英国社会史 [M] . 北京：中国人民大学出版社，1991.

（英）约翰 · 吉林厄姆，拉尔夫 · A. 格里菲斯著 . 沈弘译 . 日不落帝国兴衰史—中世纪英国 [M] . 北京：外语教学与研究出版社，2015.

6 辜燮高 . 一六八九～一八一五年的英国 [M] . 北京：商务印书馆，1997.

7 钱乘旦，许洁明 . 英国通史 [M] . 上海：上海社会科学院出版社，2002.

8 孟广林 . 英国封建王权论稿：从诺曼征服到大宪章 [M] . 北京：人民出版社，2002.

9 钱乘旦，陈晓律 . 英国文化模式溯源 [M] . 上海：上海社会科学院出版社，2003.

10 傅朝卿 . 西洋建筑发展史话 [M] . 北京：中国建筑工业出版社，2005

11 （英）保罗 · 兰福德著 . 刘意青，康勤译 . 日不落帝国兴衰史——十八世纪英国 [M] . 北京：外语教学与研究出版社，2015.

12 （英）克里斯托弗 · 哈林，科林 · 马修著 . 韩敏中译 . 日不落帝国兴衰史——十九世纪英国 [M] . 北京：外语教学与研究出版社，2015.

13 陈平 . 外国建筑史（从远古到 19 世纪）[M] . 南京：东南大学出版社，2006

14 （英）屈勒味林著 . 钱端升译 . 英国史 [M] . 北京：中国社会科学出版社，2008.

15 沈理源编译 . 西洋建筑史 [M] . 北京：知识产权出版社，2008.

16 弗莱明 · 诺曼征服时期的国王与领主 [M] . 北京：北京大学出版社，2008.

17 马丁 · 吉尔伯特著，王玉菡译 . 英国历史地图（第3版）[M] . 北京：中国青年出版社，2009.
18 （美）克里斯托弗 · A. 斯奈德著 . 范永鹏译 . 不列颠人传说和历史 [M] . 北京：北京大学出版社，2009.
19 陈志华 . 外国建筑史（19 世纪末叶以前）（第 4 版）[M] . 北京：中国建筑工业出版社，2010
20 （英）丹 · 克鲁克香克著 . 郑时龄等译 . 弗莱彻建筑史（原书第 20 版）[M]. 北京：知识产权出版社，2011.
21 钱乘旦，高岱 . 英国史新探 [M]. 北京：北京大学出版社，2011.
22 （日）后藤久著 . 西洋住居史 [M]. 北京：清华大学出版社，2011.
23 戴海峰 . 英国绿色建筑实践简史 [J] . 世界建筑，2004（8）.
24 Sharp T. Town and Countryside:Some Aspects of Urban and Rural Development [M] . Oxford:Oxford University Press，1932.
25 Girouard M.Life in the English Country House [M] .New Haven; Yale，1978:54-56，123，206-208
26 Hoskins W G.The Rebuilding of Rural England，1570-1640 [J] .Past and Present，1953（4）:44-59
27 Wills R，Clarke J W.Architectural History of the University and Colleges of cambridge，Vol.2 [M] .Cambridge:Cambridge University Press，1886:1-68.
28 Quinney A.The Traditional Building of England [M] .London: Thames and Hudson，1990：6-25.
29 Harris R.Discovering Timber-framed Buildings [M] . Princes Risborough:Shire，1978.
30 Meeson B.Structural Trends in English Medieval Buildings: New Insights from Dendrochronology [J] .Vernacular Architecture，2013，43:58-75
31 Reddaway T F.The Rebuilding of London after the Great Fire [M] . London:Edward Arnold & Co.，1940.
32 White R B.Prefabrication:a History of its Development in Great Britain [M] .London:HMSO，1965.
33 Mekellar E.The Birth of Modern Lodon [M] .Manchester: Manchester University Press，1999.
34 Edward Cullinan. Fountain Abbey Visitors Center [J] .AR，1992,（11）.
35 Edward Cullinan.The Archaeolink Prehisroric Center [J] .

AR, 1999, (2).
36 English Historic Towns Forum. Conservation Area Management, A practicle Guide [R].1998
37 Vieira N.M.A Discipline in the Making Classic Texts on the Retoraion [R].Rivisited City&Time online, 2004
38 English Heritage & Corporation of London. Barbican Listed Building Management Guiding [R].2005, Volumes (1).
39 City of London Unitary Development Plan.St Paul's & Monument Views Supplementary Planning Guidance [S].2002
40 Town Centers and Retail Developments, PPG6, 1998.
41 Renzo Salvadori.Architect's Guide to London [M]. London: Butterworth, 1990.
42 Kenneth Powell.World Cities London [M].London:Academic Editions, 1993.
43 Charles Mynors. Listed Buidings and Conservation Areas [M] England: Law &Tax Press, 1995.
44 Michael Stratton. Industrial Buildings Conservation and Rsgeneration [M]. London: Epson Press, 2000.
45 John Mckean. Mackintosh Architect Artist Icon [M]. London: Lomond Books, 2000.
46 Wood M.The English Medieval House [M]. London: Studio Editions, 1996.
47 Dyer C.Making a Living in the Middle Ages: The People of Britain 850-1520 [M]. London & New Haven: Yale Universitiy Press, 2002: 163-78, 298-313, 356-62.
48 Dyer C.Living in Peasant House in Late Medieval England [J]. Vernacular Architecture, 2013, 44:19-27.
49 Mercer E.English Vernacular Houses.A Study of Traditianal Farmhouses and Cottages [M]. London: HMSO, 1975: 33-34.
50 Fox C, Raglan L. Minmouthshire Houses: A Study of Building Techniques and Smaller House-plans in the Fifteenth to Seventeenth Centuries [M]. 3 vols. Cardiff: National Meseum of Wales, 1951-1954
51 Muthesius S. The English Terraced House [M]. New Haven: Yale, 1982.

52 WYLD P & Cruikshank D. The Georgian Townhouses and Their Details [M] .London: Butterworth，1975.
53 Steven Tiesdell, Taner Oc &Tim Heath. Revitalizing Historic Urban Quarters [M].London: Architecture Press，2001.
54 Peter Blundle Jones. Royal Regeneration- Royal Victoria Square [J] . .AR，March 2001.
55 Flanders J.The Victorian House [M] . London: Harper Perenial，2003.
56 Sanders J.The Victorian House [M] . London: Harper Collins，2003: 166-173.
57 Jean Hood. TRAFALGAR SQUARE A Visual History of London's Landmark Througth Time [M] . London: Batsford Press，2005.
58 张夫也．外国工艺美术史 [M]．北京：中央编译出版社，2003.
59 王其钧．永恒的辉煌——外国古代建筑史 [M]．北京：中国建筑工业出版社，2005
60 爱德华．露西．史密斯．世界工艺史 [M]．杭州：中国美术学院出版社，2006.
61 高兵强．工艺美术运动 [M]．上海：上海辞书出版社，2011.
62 何人可．工业设计史．[M].北京：高等教育出版社，2004
63 吴焕加．20 世纪西方建筑史 [M]．郑州：河南科学技术出版社，1998
64 王受之．世界现代建筑史 [M]．北京：中国建筑工业出版社，1999
65 罗小未．外国近现代建筑史（第二版）[M]．北京：中国建筑工业出版社，2004.
66 罗小未，蔡婉英．外国建筑历史图说 [M]．上海：同济大学出版社，2005.
67 王受之．世界现代建筑史（第二版）[M]．北京：中国建筑工业出版社，2013
68 （英）肯尼斯・鲍威尔著．鲍戈平译．英国新建筑 [M]．武汉：华中科技大学出版社，2006.
69 （英）肯・阿林森著．杨志德译．伦敦当代建筑 [M]．北京：中国建筑工业出版社，2009.
70 关肇邺．从伦敦看北京 [J]．建筑学报，1990（11）.
71 刘景华．城市转型与英国的勃兴 [M]．北京：中国纺织出版社，1994.
72 刘武君．英国街区保护制度的建立与发展 [J]．国外城市规划，

1995（1）.
73 尼古拉斯·文佩夫斯纳.现代设计的先驱者——从威廉.莫里斯到格罗皮乌斯［M］北京：中国建筑工业出版社，2002.
74 Gabrielle van Zuylen.世界花园人间的伊甸园［M］上海：上海世纪出版集团，2001.
75 珊曼莎·哈丁汉.当代伦敦［M］.上海：百家出版社，2001.
76 Douglas Amrine.英国［M］.吴江梅译.北京：中国水利出版社，2001.
77 陈志华.外国建筑二十讲［M］.北京：生活·读书·新知三联书社，2002.
78 王受之.世界现代设计史［M］.北京：中国青年出版社，2002
79 朱晓明编著.当代英国建筑遗产保护［M］.上海：同济大学出版社，2007.
80 邓庆坦，赵鹏飞，张涛.图解西方近现代建筑史［M］.武汉：华中科技大学出版社，2009
81（英）丹·克鲁克香克编著.郝红尉，朱秋琰译.建筑之书——西方建筑史上的150座经典之作［M］.济南：山东画报出版社，2009.
82（法）勒·柯布西耶著.陈志华译.走向新建筑［M］.西安：陕西师范大学出版社，2004版.
83 肯尼斯·鲍威尔.新伦敦建筑［M］.大连：大连理工大学出版社，2002.
84 亨利·詹姆斯著.英国风情［M］.北京：生活.读书.新知三联书社，2002.
85 李立玮.文化版图—英伦地标［M］.北京：中国社会科学出版社，2004.
86 理查德·罗杰斯.小小地球上的城市［M］.仲德昆译.北京：中国建筑工业出版社，2004.
87 Alain Erlande-Brandeburgz著.大教堂的风采［M］.徐波译.上海：汉语大词典出版社，2003.
88 rancois Laroque.莎士比亚人间大舞台［M］.施康强译.上海：上海世纪出版集团上海书店出版，2000.
89 阿德里安·福蒂.伦敦：私人的城市，公共的城市［J］.世界建筑，2002（6）
90 张杰.伦敦码头区改造：后工业城市的振兴［J］.城市规划，2000（2）.
91 夏菁，黄作栋.英国贝丁顿能耗发展项目［J］.世界建筑，2004（8）.
92 赵魏岩.当代建筑美学意义［M］.当代建筑美学意义，2001.
93（挪）克里斯蒂安·诺伯格－舒尔茨著.李璐珂、欧阳恬之译.西方建筑的意义[M]北京：中国建筑工业出版社，2005版.
94 （英）乔纳森·格兰西著.罗德胤、张澜译.建筑的故事[M].北京：三联书社，2009版.
95 （英）约翰·罗斯金著.谷意译.建筑的七盏明灯[M].济南：山东画报出版社，2012.
96 （英）亚当·梅纽吉，陈曦译.英格兰风土建筑研究的历程[J].建筑遗产，2016(3)：40-51.
97 （英）詹姆斯·W.P坎贝尔，潘一婷译.英国的风土建筑[J].建筑遗产，2016(3)：44-67.

重要网址：

http://www.countryside.gov.uk

http://www.architecture.com

http://www.englishheritage.co.uk

http://www.buidingconservation.com